EXILE,

博物之旅

世界良马

薛晓源 主编

〔俄罗斯〕雷奥尼德·德·西蒙诺夫　让·德·莫尔戴 著

张放 译

2017年·北京

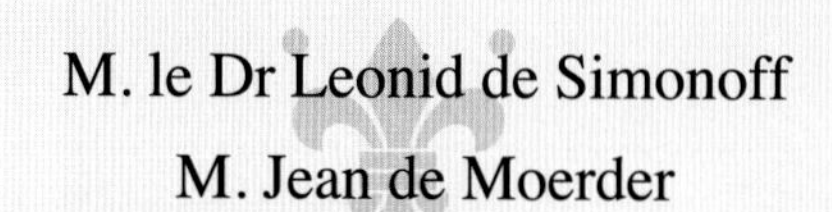

M. le Dr Leonid de Simonoff

M. Jean de Moerder

Les Races Chevalines

avec une Étude Spéciale sur les Chevaux Russes

Paris: Librairie Agricola de la Maison Rustique, 20,

Rue Jacob, 26

中文版序言

感谢薛晓源教授的邀请，为这部由他主编、张放先生翻译的著作写几句推介。

我不是这方面的专家，但我 16 岁当知青，去黑龙江农垦支边插队，干的第一个活儿就是养种马，因此，一辈子成为爱马的人。虽一把年纪了，但我现在是一家马术俱乐部的会员，是一匹 10 岁荷兰温血马的马主，无论四季，我总在清晨上马训练。我给这匹有一米七高的爱马起了个很特别的名字叫“知青”。

我当年养的那匹种马叫“阿尔登”，枣红色，有笔直的白鼻梁，鬃毛很长，蹄口如大海碗那么大，是俄罗斯品种。我特意在书中的俄罗斯部分翻找这种马的介绍，没找到，但体型上看，比较像插图上的克莱戴斯戴尔公种马。

这是一部非常专业的关于世界良马的科学论著，也是一部值得爱马人收藏的宝典。它满足了我对大自然丰富物种和世界历史上马匹改良这方面知识的好奇心。

在《世界良马》出版发行之即，我向编译者和商务印书馆的专业精神以及取得的成就表示敬意。

濮存昕

目 录

雕刻版画目录

彩插目录

法福洛特·德·凯尔布奇男爵将军致雷奥尼德·德·西蒙诺夫博士信

博士先生：

我刚刚以极大兴趣读过让·德·莫尔戴阁下与您即将发表的关于新大陆与旧大陆马种的著作校样，我要立即向您表示谢意。

也请接受我对您研究法国、英国、德国以及其他国家不同种马的责任心最诚挚的赞扬。

您的书包含关于俄罗斯种马的非常有趣的信息，这对大多数法国人而言绝对是新知识，也使人对您的伟大国家蕴藏的各种无穷资源有了概念。

文中黑白和彩色的插图给您的描述增添了生气，而且阐明了阅读中能感受到的准确性。毫无疑问，这是公开出版的同类书中前所未见的最完整的汇集。

您的研究扩展及各个文明民族，各国的骑士和学者都会从中获益。

博士先生，我很高兴借此机会向您表达崇高的敬意。

法福洛特将军，1894 年 3 月 19 日，巴黎。

彩色插图 I：俄罗斯皇帝陛下挽车马。左侧马名为普拉沃迪诺（Pravdine），右侧马名为矛古特旗（Mogoutchy）。两匹马都属于杜洛斯尔沃夫人种马场。

作者按语

本书在俄罗斯帝国种马总管、皇宫大臣沃隆佐-达史克伯爵的庇护下才得以圆满完成。

没有这种庇护，我们既不能收集如此完整的俄罗斯不同马种的画像，也不能获得有关它们的诸多细节，更不能获得外国种马管理的必要情况。

因此，对我们而言，恳请沃隆佐-达史克伯爵阁下允许我们将这部作品呈现给他，并且将其置于他崇高而仁慈的保护之下，是一种非常自然的义务。

对御马总监弗雷德里克伯爵阁下的慷慨协助，我们必须公开表示万分感激。

我们也要热诚感谢法国种马局局长 P. 普拉振先生和法国军马常任总监法福洛特·德·凯尔布奇男爵将军先生对我们这个研究项目的有力支持，同样感谢 H. 瓦雷·德·龙塞先生，他友善的建议大大方便了我们对法国马种的研究。

我们诚恳感谢勒麦尔谢印厂管理员完美印制了彩色插图，还有鲁热龙、委涅楼等诸位先生完美实现了照相制版。

最后，我们要感谢著名的巴黎外国动物驯化园赛马照相部经理戴尔通先生极其宝贵和完全无私的服务。我们精美的素描中有多帧素描就是根据他的照片完成的。

导　言

本书旨在盘点世界各国多少有点名气的马种并尽可能指明每种马的种源及其实用价值。

为了保证作品的完整性，必须首先交代有关马的一般概念，确定它在大自然中的地位，并指出驯养马的可能来源。

从实用观点看，我们认为应当将现存马种划分为两大类型：东方马种和西方（或北方）马种。

虽然西欧大部分马种以及它们在其他地方演变出的马种现在都只不过是这两种类型马种的混合，但是，仍然有某些北方马种几乎保存着其全部特征，在平茨高（Pinzgau）种马群（见图 12）中尤其常见。至于东方马种，还存在众多十分完美的代表，其中包括阿拉伯马或波斯马，以及所有的俄罗斯草原马种。

因此，研究这两种类型的马种的主要特征是可能的；根据本书中包含的图画，可以获得足够的相关知识（见图 12、13、14 和 15，插图 Ⅱ 和 Ⅲ 及其他）。这些图画忠实地复制了天然真像。经验证明，对于那些了解两类马种的准确形象的人来说，研究马种通常是件容易的事。他（她）往往只需看一眼，便不仅能对属于两类马种之一的纯种马个体进行分类，还能相当准确地判断出是哪类马种对混血马种产生了影响。他（她）对有关马种的产生、保持或繁衍的判断将变得更为肯定而丰富。

为此，我们以两种类型的马种，即东方马种和西方马种的纯种马代表开始进行盘点。关于西方马种，我们在这里只描述平茨高马种，因为这是此种类型的马中直到现在仍然保持纯种或几乎纯种的马种。在东方马种里，我们选择了最为高贵的阿拉伯马、波斯马和柏布马，另外补充了异常特殊的栋古拉（Dongola）马。大部分其他东方马种都属于俄罗斯，在“俄罗斯马”这个篇章里有相应的描述。

俄罗斯作为马的国度，总体上占据特殊地位，无论是在马的数量还是在马种的多样性方面，都具有绝对优势。

除俄罗斯之外，欧洲其他各国加一起只拥有1600万到1800万头马，而单是俄罗斯的欧洲部分便拥有2200万头马，整个俄罗斯帝国则可能拥有4000万头马。

在西欧，由于单一而广泛的文明形式，也由于缺少空间且严格限于实用性繁殖的紧迫需要，马种之间的差异在相当程度上已经消失了。不谈在偏远地方偶尔还能遇到的罕见的残余原始马种，例如设得兰群岛的设得兰矮马（poney shetlandais），在西欧，只有纯英国马种和某些拉大车的优秀马种才是真正原始而典型的马种。所有其他欧洲马都属于或出自巧合，或出于运气形成的混血马种，它们缺乏足以构成马种的确定特征，也缺少足够的稳定性来确保后代已通过遗传获得的特质。每一代马种都在依据人类一时的念头和需求而发生变化。

如果只看种马场的马群，俄罗斯与其他欧洲国家相比较，也不算例外。俄罗斯的种马场只创立了两种至今还站得住脚的典型马种：快跑马种和比图格马种（bitugue）。我们种马场的挽车马经常长得太漂亮，但是没有保持任何特有的特点。

俄罗斯真正的伟大财富，在于这里天生的、原始的草原马种和它们衍生出来的后代。在这些马中，有多种自远古以来就已经存在，而且一直生活在同样的条件下，因此得以获得不会轻易丧失的恒定特征，况且有大量个体数量的保证。总之，从马种的品种和数量看，不仅世界上不存在任何堪与俄罗斯相比的地方，而且，甚至所有其他国家加起来，也不到俄罗斯一个国家拥有的马种的一半。

因此，关于俄罗斯马种的描述占据本书的很大部分是不足为怪的，而且，在外语版本中缩减相关描述可以说是不可原谅的，因为可以肯定，这些马种的数量如此之多，品种如此丰富，将来一定会对欧洲马种的更新产生巨大影响，所以关于俄罗斯马种的研究同样会引起外国人的极大兴趣。

根据学者考察，俄罗斯亚洲部分的草原是现存的所有驯养马的诞生地，它们正是从这里扩散到世界各地。自远古时期以来，俄罗斯亚洲部分的马向俄罗斯欧洲部分行进，继而持续向西方各国推进；后来，当交通渠道得以改善，尤其是当我们的马在国外变得更有名气时，这种推进可能大大地加快了。我们希望这部著作以及书中逼真地呈现了我们最重要的典型马种形态的彩色插图，能有助于人们了解这方面的知识。

我们尽力对各国马种不加区别地进行同样的专门研究；但是，对于俄罗斯以外其他国家的马种，我们缺乏某些只有由公共机构或政府才能提供的情况，而关于俄罗斯的马种，我们得到了由俄罗斯帝国种马场总局提供的丰富资料。至于法国马种的情况，多亏法国种马局局长 P. 普拉振先生的热心帮助，才填补了这个空白，我们必须向他致以真诚的感谢。

大部分马种的文字描述都伴随着羽毛笔素描，以及一些照片。外国马种的彩色画像，我们只提供了五幅图片：阿拉伯马、波斯马、纯英国马种、佩尔什马（Percheron）和克莱戴斯戴尔马（Clydesdale）。与大量俄罗斯马的彩色图片相比较，这些外国马种的图片显然极少。这首先是我们上面谈过的目前俄罗斯马种与其他国家马种之间的数量比例造成的自然结果。其次，所有值得引起注意的西欧马种已经广为人知，黑白素描足以供大家辨认；我们极力做到使这些素描逼真和完美。相反，要准确地认识俄罗斯的多种马种，特别是草原马种，则必须配以彩色画像，这些马种实在太有特点了，单看它们的皮毛颜色也是如此。只要看一眼插图，便可确信无疑。

我们的著作面向普通读者，也就是广大爱马之人。我们尽力使这本书易懂而有趣，至少，书中的画像可以取悦所有人。我们是否成功地达到了目的，要由读者来判断。

第一部分

普通马和驯养马的种源

第一章　马属

马类(equus)本身构成一个动物家族,也就是通常所说的马科(solidungula)。在动物学里,“solipède”一词是马的同义词。除了家马（*Equus caballus*）外，马类还包括家驴（*Equus asinus*）、蒙古野驴（*Equus hemionus*, 又名骞驴）和山斑马（*Equus zebra*），以及它们的变种斑驴（*Equus quagga*）和平原斑马（*Equus burchellii*）。

比较马和家驴，我们肯定会发现它们之间有一个重大区别，足以让我们毫不费力地区别二者。一般说来，驴体形更小；相反，它的头要比马更大，更重；它的耳朵更长，鬃毛短而直，只是尾端有长毛。[①]但是，事实上，只有大家常说的长耳朵和尾巴上半部没有长毛可以作为足够特殊和足够恒定的特点提出来。至于上边提到的其他特点，在不同种类的具有代表性的马身上也可以看到，因此不能成为驴特有的标志。

就身体形态来说，斑马与马有更多相像之处；斑马皮毛上的条纹只是一个不重要的标志，有时在马身上也能看到，尽管一般说来条纹的整齐性差多了。

一般地说，从动物学的角度来看，驴、马和斑马三者十分相像，以至于科学家还在争论：这些动物是各自构成单独的一个种，还是仅仅是同一个种

---

① 根据赫胥黎的说法，驴的最大特征，特别是有别于马的特征，在于驴的后腿上没有“栗球体”（Chataignes）。正如我们所知道的，马的四肢上都有栗球体。但是，这个区别本身不重要，它不是恒定的特征。例如，沙迪劳夫（J. Chatiloff）描写的鞑靼野马（tarpan），四肢就没有栗球体；然而，毫无疑问，这是一匹马，而不是一头驴。所谓“栗球体”是指长在马前肢内面和后肢膝弯处的角质小突起赘生物。一般说来，驴的后肢膝弯处没有栗球体，只在前肢上有栗球体。

的不同品种。

这些动物的野生代表尤其相似；有一些能让人同时想到驴和马，可以说构成了二者之间的中间生物。

图 1 展示了一种草原野马，名字叫鞑靼野马。在西伯利亚和中亚能够看到它；它具有马的全部特征，其主要特征是尾巴上布满长毛，具有短短的耳朵。

图 2 所示为普氏野马（*Equus przeralskii*），仔细观察后，也应该列入马的行列；但是它看起来也很像驴子，因为它的头很沉重，并且没有小绺顶毛，

图 1：鞑靼野马。

图 2：普氏野马，中国新疆罗布泊周边草原上的野马。大约 2 岁的马驹。（此图根据圣彼得堡科学院动物博物馆稻草充塞动物标本绘制，现存唯一版本）

耳朵相当长，蹄子的形态也像驴，还有尾巴上部没有长毛，等等。

在蒙古野驴（图 3）身上，马与驴混配的现象给人深刻印象，恰恰是这种既像驴也像马的双重相像性，致使科学家中有一些人以为可以合理地将它设定为驯养马的野生种源，而另一些人则以为它就是驯养驴的祖先。这两种意见可能都错了，因为大自然中就存在野马和野驴，它们更有理由成为家马和家驴的血统来源。我们提出这些论点只是为了证明蒙古野驴[①]与驴和马都非常相像。我们经常能看到蒙古野驴腿上有一些横向的条纹，这使它也接近

① 更准确地说，应该称作 l'hémiâne，亦即“半驴”。

于斑马。

达沃马（dauw），或平原斑马，是斑马的所有变种中最像马的马；它与马的区别只在于尾巴不是全覆盖长毛，而且皮毛混杂着黑色条纹。见图 4。

图 3：野驴，又名中亚骞驴。

总之，在马属的各种不同的代表之间存在很大的相似性，却很少有明确的区分标志，我们很容易理解科学家们为什么很犹豫把这些动物列为动物学中单独的一科，还是多个科。

但是，驯养越是有发展，越能感到人的影响，也越能看到明显的差异。纯血英国马和奥露（Orlow）快跑马在人类的支配下获得的形态和品行使之不像驴，也不像骞驴或斑马，而是更像鞑靼野马本身。

直到现在，还极少有人能够驯化斑马，这方面经验还不够充分，不能预判结果。至于驴子，在欧洲驯养出来的模式种更远离了马，可以说是强化了驴子的品性。只要将图 5 中的驯养驴与图 6 中的非洲野驴加以比较，便可确信无疑了。在更重视饲养驴子的地方，比如阿拉伯半岛、波斯、埃及以及更

图 4：达沃马，根据巴黎外国动物驯化园照片绘制。

普遍而言的东方国家，驴子会获得更漂亮的外表和更优质的品性（见图 7 所示的埃及驯养驴）。

所有的马属代表之间都可以相互杂交，因而十分多产。在巴黎动物园里，我们看到了由雄性斑马与母驴、母马、骞驴交配产生的混血种，以及骞驴与

马交配的混血种；但是，上述经验从数量上还不足以得出肯定的结论。相反，马与驴交配的产物骡子却已非常著名，特别是由种驴和母马交配的产物，拉

图 5：中欧（德国）家驴，根据照片绘制。

图 6：非洲野驴。

图 7：埃及家驴，根据照片绘制。

丁文名为 *Equus mulus*。正如在图 8 上看到的，其体长和体态像马；但是生有驴子的头、耳朵、尾巴和蹄子。这是一种很有用的牲畜，通常比马更有耐力；在山区地带和欧洲南部的西班牙、意大利运输重物尤其有用，在法国南方以及小亚细亚饲养它的目的主要在此。在俄罗斯，只有在高加索和克里米亚才能见到。

图 8：骡子。

巴尔多骡子由母驴和公马交配而来，拉丁名叫 *Equus hinnus*；它远不如 *Equus mulus* 有用，因此很少有人饲养，极为罕见。它体小，形态和品性更像驴，而不是马；但是，它的整条尾巴上都覆盖着长毛。图 9 所示为巴尔多骡。

马与驴的混血种交配一般情况下是不孕的。甚至公马或公驴与母骡交配，

图 9：巴尔多骡子。

图 10：加特林（Catharline），阿拉伯骡子，25 岁，体高 1.29 米，灰花斑毛色。巴黎外国动物驯化园（马照相部经理）J. 戴尔通专为本书拍摄。

也很少受孕。图 10 是阿拉伯母骡，图 11 是它的柏布种马马驹。两张照片都是由著名的巴黎外国动物驯化园马照相部主任戴尔通（Delton）先生在巴黎动物园为我们拍摄的。

因此，混血种之间交配是不能繁衍的，这一事实可能对主张马和驴属于两个不同种的学者有利。不过，我们认为上述经验和观察还没有达到足够数量，尤其是还没有形成足够系统的研究，尚不能最终解决问题。

图 11：克鲁米尔（Kroumir），柏布马与母驴之子，9 岁，体高 1.40 米，灰斑点毛色。J. 戴尔通专为本书拍摄。

第二章　驯养马的来源

我们的驯养马源于野马是肯定无疑的。但是，人们不能确切地知道应该把它们的根源追溯到哪一科野马；就此问题，人们只能尽可能地做出假设。

在学者中，一些人认为，现存的驯养马源于多种类型的野马；另一些人只愿意承认两种最重要的类型，而大多数学者认为，所有的驯养马都只是一种单一类型的野马的后裔，这种野马曾经，或者现在还生活在广袤的中亚草原，也就是说亚洲地区，其中大部分现在属于俄罗斯。生活在那里的马像生活在那里的各个民族一样，如今广布于全世界。

现存马种的品种，只是在各种气候、饮食、饲养、使用条件下生存几个世纪后，受不同环境影响的结果。

马的驯化可能发生在有角牲畜之后，但总体而言在我们这个时代*的数千年之前。

现在，如同前面提到的，野马生活在中亚草原和南美草原。

中亚草原有鞑靼野马（图1）、普氏野马（图2）和穆基诺马（Moutzine）；美洲草原有慕斯荡马（Mustangs）和西马隆马（Cimarrones）。

鞑靼野马和普氏野马是真正的野马；至于穆基诺、慕斯荡和西马隆是重新变成的野马，其祖先是驯化马。这后三类马相当容易被重新驯化，而真正的野马，即鞑靼野马和普氏野马几乎是不能驯服的。

慕斯荡和西马隆是当欧洲人征服美洲时，由西班牙人运送到这个地区的

---

* 指19世纪。——译注

马的后裔。本书末尾复制的墨西哥马的画像表现了它们的形态。穆基诺马源于与在西伯利亚和中亚草原漂泊的游牧民族部落一起生活的半野生马群（参见后文：俄罗斯野马和半野生马）。

第三章　马的类型和世系

我们可以将现存的所有马种看作两种类型：东方种或轻种马（equus orientalis vel parvus），和西方种或重种马，又称诺里克马（equus noricus vel robustus）。西方种一般说来比东方种体形更大、更厚实、更重。西方种的骨骼更粗，细孔更多，相反，东方种的骨骼更硬、更结实且更细密；东方种远比西方种精干。东方种的腰和背通常更短，因此更有耐力、更稳固且更适合承载骑马人。西方种马尻部通常是双尻的，多少有些下垂，尾巴紧靠下部；相反，东方种马尻部单一而水平，而且尾巴高高举起。但是，这两种类型的马种的区别尤其表现在头部的构造特征上。西方种的头部粗大，多肉且厚实，头顶正面有一个大突出物；相反，东方种以头部精巧、身体相应小、头顶宽而发达，以致面部窄小为特征。因此，东方种通常更聪明，而西方种更健壮。前者特别适用于需要技巧、速度和机敏的地方，比如为骑兵服务。后者适宜做挽马和役畜。

直到现在，还存在许多足够纯正的东方种的代表马种；大部分生活在亚洲、非洲和东欧，特别是俄罗斯的马都属于这个类型。相反，纯西方种的马原产地在西欧，如今它们变得稀少，并且因为与东方种不断地混血而逐渐消失，这种混血马由东向西逐渐扩散。绝大部分欧洲马是这种混血的产物。在轻种马中，东方种血统占优势，而在重种马中，西方种血统占优势。在俄罗斯，如同我们说过的，东方种占优势，并且因为我们接近东方，接近亚洲疆界，这种情况自然变得更加明显。在西伯利亚草原，地处欧洲的俄罗斯东南部和高加索，东方种保持着纯血或几乎纯血。

西方种

西方种血统最纯的代表，当数平茨高马，这种马出现在古代罗马诺里克省（Noricum，诺里克马的名字由此得来）的各个属地，尤其是在平茨高山谷的萨尔茨堡周围，在斯蒂利亚、卡林西亚，在蒂罗尔某些乡镇，以及在上奥地利地区。

平茨高马如图 12 所示。它体高 1.65 米至 1.70 米；头部特征十分典型：头沉重，多肉而厚实，头顶正面有非常明显的突起物；眼睛小，颈短而厚实，鬐甲 * 低，肩挺直，背长且呈轻微凹形，尻部下垂而双尻，尾巴紧贴下部；四

图 12：平茨高马，虎纹毛色种马。根据维也纳赛马比赛中的照片绘制。

* 鬐甲，马背最前端的隆起部位。——译注

肢有力，蹄子宽大但不脆弱。毛色最常见的是虎纹、花斑，黑色或枣红色，体侧和臀部有白色的大斑点。头部、四肢、鬃毛和尾巴黑色的灰色马并不少见。

在比利时（弗朗德勒、阿登及其他地区）的马、布洛涅马和阿尔佩什马，以及丹麦、英国和其他国家的重挽马身上，可明显见到西方种的特征，它们通常体重、身长、骨骼粗大、形态厚重、臀部双尻而下垂。但是，在这些马的身上已经可以看出同东方种杂交的影响，这种影响主要表现在它们的头部具有更高贵的形态，在阿尔佩什马和阿登马身上尤为突出。在平茨高马身上，令细心的观察家印象最深的正是它类型独特的头部结构，这与东方种的头部完全不同。

东方种

我们已经说过，纯血东方种至今还存在不少，它们当中毫无疑义地独占鳌头者当属高贵的阿拉伯马，不仅因为它具有高贵的体质和精神品性，也因为它是所有其他高贵种类的主要种源。

阿拉伯马身体并不高大：1.45 米到 1.55 米。但是，高贵的阿拉伯马与众不同之处在于它形态的高雅、完美的比例、和谐的全貌。它头小，精干，宽额头，吻精美，鼻孔扩张，眼睛大，眼距相当宽，炯炯有神，耳朵小，尖而灵活，活脱脱是人们所称的“高贵头像”的典范。头的前部轮廓通常是垂直的，略有塌陷，也就是说，在面额[①]处有些凹陷。颈长，呈弧形，线条清晰，饰有柔软光泽的鬃毛；项背高而利落；腰短而宽；背直或略呈凹形；臀部长而直，尾巴高举而姿态优美；肩长而倾斜；胸深阔；四肢精干如同钢雕一般；

① 面额是指从额头到鼻孔的马头部分。

骨头硬而结实，关节宽大，肌肉和筋腱线条清晰；脚上无丛毛，蹄子小而坚实有力；皮非常薄，乃至透过皮肤可见血管网和筋腱网络；皮毛平整而有光泽；毛色为灰色、栗色、枣红色，很少有白色或黑色，绝无花斑白色；动作灵活而高雅；性格温和，非常耐劳耐饿：据说，阿拉伯马能够在火热的太阳下，一口气奔跑 28 个甚至 48 个小时，不吃不喝。

但是，所有这些优秀品质远非产于阿拉伯半岛的马都具有的特有属性。此地饲养的大部分马并不高贵，它们之中的许多马已成为完全普通的马。根据帕尔格拉夫[①]的说法，位于阿拉伯半岛中央的尼德热德高原，理应被看作最高贵的阿拉伯马的摇篮；他认为这些马的数量很有限，不超过五千头，现在也许还没那么多了。这些马专门由富有的部落头领的种马场饲养，从不卖到本地以外的地方。所以，它们从未到过欧洲，而欧洲人中只有少数几个像帕尔格拉夫这样的旅行者见过它们。不过，有些代表性的马虽然品性低等，却不时被作为礼品送到波斯、埃及和伊斯坦布尔。

欧洲种马场购买的阿拉伯马通常源于游牧的阿拉伯马群，它们在每年的固定期间离开内地，接近有欧洲人往来的地方。尤其是有人提到有时在距离叙利亚和巴勒斯坦边界不远的地方遇到的安纳兹（Anazeh）部落，并视之为优秀马种的拥有者：根据某些旅行家的说法，这些马在任何方面都不输给尼德热德马种，也许甚至更好。在克里米亚战争中，英国人就是从这个部落的阿拉伯人手里买到骑兵用的军马。好多这样的马被带回英国。总体而言，英国人满意于他们的收获，但是，他们并不因此而兴高采烈。

哪怕出大价钱，也确实很难得到一匹真正优良的阿拉伯马，而欧洲种马场存在的许多阿拉伯马并不属于这种最高贵的代表……差得远了！用阿拉伯

---

① G. Palgrave，一位英国军官，他于 30 年前，穿着东方朝圣者服装，借东方朝圣者的名义深入到瓦哈布（warabite）最强势的头领的种马场。瓦哈布是居住于阿拉伯半岛中央尼德热德高原（Plateau de Nedjed）上的阿拉伯部落。

图 13：阿拉伯纯血马。

纯血与本地马种繁衍的试验中遭受的许多失败，还不足以说明使用的种畜品性之低下吗？

另一方面，不应忘记气候和通常饲养条件变化的影响。阿拉伯马是沙漠之子，生长在阳光火热和空气干燥的环境条件下，不难理解，在被运送到欧洲后，在本质上不同的土壤和气候条件下，它会逐渐产生体质和精神品性方面的转变。这就是为什么生长在欧洲种马场中的阿拉伯纯血马经过几代后，甚至相当迅速地失去了其祖先标志性的许多品性。首先失去的正是它们超乎寻常的精干形态，随之是动作的轻盈敏捷和耐劳耐饿的特质。

图 13 所示为沙漠中的阿拉伯马，插图Ⅱ所示是生长于俄属波兰保劳基伯爵的种马场中的阿拉伯马的彩色画像。毫无疑问，两匹马都很漂亮并且很相像；但是，人们马上就能看出它们之间也有许多不同，不同之处就在于我

彩色插图 II：阿拉贝拉（Arabella），5 岁，体高 1.54 米。若塞夫・保劳基伯爵种马场（皇家马厩）的阿拉伯母马。

们所指明的那些方面。

英国纯血马尽管经历了很长时间仍然保持着其东方祖先的许多特性，并且形态使人想到阿拉伯马，但是，更准确来说是插图Ⅱ中的马，而不是图13中的马。通过训练获得的精致形态是另一种完全不同的类型；它是瘦身的结果，而不是体质上天然的精干结构。这种瘦身使英国纯血马在短距离赛跑时表现出超乎寻常的迅捷和速度，但是却失去了长久耐劳所必需的体力。

在土壤和气候条件上更像阿拉伯半岛的地方，阿拉伯马种的主要品性能够不同程度地保留下来，例如生活在撒哈拉沙漠（但不是非洲沿海地带）的阿拉伯马。在俄罗斯帝国，东南部草原，特别是西伯利亚南部草原利于饲养阿拉伯马。在这些地方，甚至阿拉伯种马与本地母马杂交产生的混血马仍保留着阿拉伯马的特征，尤其表现在精干的形态上。“俄罗斯突厥斯坦总

图14：卡米德马（Khamide），波斯种马，10岁，体高1.53米，毛色浅灰带轻微斑点。圣彼得堡皇家马厩，西蒙诺夫博士拍摄。

督区”铁克地区的马，在图 22 和插图 XIII 中有明确的说明。在西欧，南方地带可能比北方地带更适宜饲养阿拉伯马。法国南方的马，例如，纳瓦拉马（navarrins），甚至朗德马（landais），至今仍保持着源于阿拉伯马的许多世纪以来的特色（见图 52、53 和 54）。

最接近阿拉伯马的是波斯马。人们甚至认为阿拉伯马源于波斯马。总之，在波斯，这两种马的杂交司空见惯，它们之间的亲属关系不言而喻。它们之间存在的区别微不足道：波斯马兴许头略窄，更长，颈部更高，四肢和躯体通常比阿拉伯马更长。但是，这些区别本身不重要，远非恒定的标志，而且，即便对行家而言，往往也很难说出面对的是阿拉伯马或波斯马。

在图 14 和插图Ⅲ所示的波斯马身上，波斯马种的上述标志相当明显，然而，内行人只要不是预先获知，也都把它们看作阿拉伯马。

但是在波斯，却如同在阿拉伯半岛一样，少有高贵马种；波斯位于里海东南部地区的沙赫*和富有的地产主的种马场中的马才属于高贵马种。其他波斯马都属于不够典型的普通马，尽管其中也有好马。

在波斯东北地带，在中亚河中地区和中国新疆地区，在布克哈拉（Boukhara），在吉瓦（Khiva），在阿富汗以及波斯边界的高加索地区都有良马，很像波斯和阿拉伯的高贵种马。我们下面描述俄罗斯马时还要谈到这些马，它们可能是本地马与波斯马或阿拉伯马杂交的产物。

在波斯马之后，最接近阿拉伯马的马种要属生活在北非地区如突尼斯、阿尔及利亚、摩洛哥以及毗邻撒哈拉沙漠地带的马。这种马通常以柏布马著名，可能源于阿拉伯马；但是，仅仅是在撒哈拉沙漠里，它才得以至今保持着这种马的全部特征：躯体不高，头部高贵，形态精干，整体轮廓更为凸显，但不如阿拉伯马优美。更靠近地中海的国家的马通常躯体更大（很少低于 1.50

---

* Shah，伊朗国王称号。——译注

彩色插图 III：帕莎（Pacha），11 岁，体高 1.49 米，波斯公种马，波斯沙赫陛下赠送给俄罗斯黑里琦大公的礼品。

米，更多的在 1.50 米以上）而形体不够高雅；它们的头颈部经常是弯而突出的，额头更窄，耳朵更长，相反颈部更短；背部不长，常有凹陷，并且臀部下垂，尾巴太靠下端，因此形象不佳；膝弯部通常太靠近。不过，必须承认，现在剩下的撒哈拉马很少。图 15 所示为柏布马，与这类马相近，图 16 所示为阿尔及利亚马，上面坐着一位法属北非骑兵军官。

图 15：吉福－吉福（Kif-Kif），撒哈拉柏布公种马。获 1878 年国际展一等奖。（阿尔及利亚）障碍赛马上多次获奖。J. 戴尔通摄影。

其他数量多、质量佳的东方种，将在俄罗斯马专篇中描述。除了这些马，我们认为有必要特别提一下栋古拉马，这可以说是所有东方种中的一个特例。

图 17 是栋古拉马的一个标本图像。在努比亚[*] 有这种马；它们与其他东方种差异之大，致使人们为了说明它们的存在，只有假设这样一种可能性：它们是本地马与西方种之间偶然产生的杂交，这在东方是非同寻常的现象。

图 16：一位军官骑在阿尔及利亚柏布马上。J. 戴尔通摄影。

* Nubie，非洲东北部，苏丹一带。——译注

栋古拉马通常比其他东方种躯体更大。图 17 所示的马体高只有 1.49 米；而有的栋古拉马体高超过 1.60 米，甚至达到 1.69 米。头精干，窄小，通常是垂直的，但往往是鹰吻鼻；颈长而灵敏，鬐甲高；肩足够长，但僵直；胸宽大，背部有时稍凹陷，而臀部下垂；四肢长而有力；皮精薄而毛如同纯血阿拉伯马一样柔软光滑，性格火烈。著名的欧洲马毛色是黑色和枣红色，四肢内侧常有白色（balzanes）斑纹线。在英国和德国，人们试着用栋古拉马与欧洲马杂交。英国人吹嘘他们的成功：例如，栋古拉马与纯血母马交配，产生了以迅捷和耐劳著称的猎狐马。德国人没那么幸运：他们的试验没收到什么好的成效。

图 17：包图斯（Porthos），努比亚栋古拉马，18 岁，体高 1.49 米，枣红色皮毛。J. 戴尔通专为本书拍摄于巴黎外国动物驯化园。

东方种与西方种杂交的成果

两种类型的纯血马，例如平茨高马（图 12）和阿拉伯马（图 13 和插图Ⅱ）之间的差异是惊人的；这种差异甚至可能比图 1、2、3 和 6 所示的野马和野驴之间的差异更为明显：在这些图片中，两种类型的马的特征或多或少地消失了。

人们称高贵的东方种，也就是没有受到任何外来混血玷污的高贵马种为纯血马。

到 18 世纪为止，人们只知道一种纯血马——阿拉伯马。但是此后，英国产生了英国纯血马。

无可怀疑的是，在英国纯血马身上，存在一定量的西方血统，表现为体高大大超过东方种的体高。但是，西方种血统的侵入只发生在最初培育马种的时候，不会再重复，这种侵入已经变得微乎其微，因此英国纯血马保持着高贵的东方种的所有特征，有理由保持其纯血称号。

纯血与非纯血，尤其是与西方种的直接杂交或间接杂交的产物被称作纯血半血马。虽然纯血半血马的称谓意味着两种血统等量混合，但在实践中，这种称谓被不加区别地用在所有的混血产物身上。然而，如果要说得准确点，可以用四分之一纯血、纯血半血、四分之三纯血等等表述来指明混血种产物身上的纯血比例。

我们已经说过，大部分西欧的马是东方种和西方种两种类型杂交的产物。

在轻挽马，比如大部分俄罗斯快跑马和许多法国盎格鲁-诺曼底马身上，东方种和西方种两种血统的混合似乎多少达到了平衡。在作为骑乘马饲养的大多数半血纯血马中，东方种血统占优势[①]。

相反，在西欧重挽马中，西方种的优势是显而易见的：法国的佩尔什马、布洛涅马（Boulonnais），以及比利时、英国、丹麦等国的重挽马便是例证。在俄罗斯比图格（Bitugue）马身上，也是西方种血统占优势，但是还达不到那个程度。比图格马通常不像大多数西欧重挽马那样笨重，它的形态更优雅，而且性格更活跃；它跑得快，经常是优秀的快步马。

正如前文所说，东方种的最大特点在于它的头部，准确地说，东方种遗传给后代的正是这些最稳定的特征。为了使俄罗斯克莱坡马（Kleppers）、法国佩尔什马、比利时阿登马，以及许多其他西方种的马的头部具有高贵的神气，只要混入些许东方种的血种就足够了，这是一种发生于过去久已被人遗忘的时期的混血。相反，西方种遗传的最稳定特征是躯体的总体形态，特别是躯体下部，臀部下垂在多种半血纯血马身上明显可见；它们中有些马甚至保持着双尻臀部。

---

① 由两个血种混血产生的马种特征不总是取决于哪个血种的种马数量更多，而可能主要取决于所使用的种马天生的遗传能力。大家都知道，一匹种马往往要比其他十几匹影响小的种马给后代留下更多的痕迹。著名的纯血阿拉伯马和纯血英国马正是以这种恒定的方式将特质遗传给它们的后代的。

第二部分

俄罗斯马

第一章 概述

俄罗斯帝国占据欧洲一多半的地方和亚洲差不多一半的地方。它北临北冰洋，而南部几乎延伸到热带地区。在如此广袤的地域里，气候和土壤特征必然是非常多样化的，生活在其间的植物、动物和人群亦然。在最北方，只有因纽特人、白熊和能够忍受严酷气候的驯鹿，那里的土壤也只生长青苔。在最南方，有适于热带气候的植物和动物，那里的人在外表和性格上都使人想起热带地方的居民。

但是，尽管有这样巨大的多样性，俄罗斯的气候和土壤整体上呈现出共同的特点和普遍的特性，并以相同的方式作用于整个俄罗斯的动物生命和植物生命。在气候方面，是明显的大陆性气候特征，表现为一年内冷热季节之间的巨大温差，以及空气相对的干燥。在土壤方面，是平原（或高原）占据着俄罗斯的欧洲部分和绝大多数的亚洲部分。除了某些比较小的地区外，俄罗斯就是广阔的平原和草原的海洋，一部分是被耕耘的，已经不同程度地枯竭，而另一部分仍处于原始状态，是处女地。这些气候和土壤条件造成的结果就是一年生草本植物在植物界中占主导地位。俄罗斯还是多森林国家，但是，森林通常在山上或潮湿和沼泽地带，主要在北方；森林占据的区域相对来说微乎其微。余下部分几乎全是冬天白雪皑皑，夏天，根据地区的耕作状态，被野草或人工种植的小麦等作物所覆盖。充斥着俄罗斯的动物种类与植物界的这些特征密切相关。就哺乳动物而言，森林里是猛兽；在平原上，也就是说在俄罗斯的绝大部分地区，最常见的是食草动物，其中有牛和马。

俄罗斯的马种是世界上最丰富的。仅在俄罗斯欧洲部分，便有 2200 万头之多：平均每100人拥有26头马，这个比例是世界上任何国家都没有的。在俄罗斯亚洲部分，马的数量难以确定，即便大概的数量也难以确定，因为完全没有这方面的数据。但是，根据某些相关信息，可以说在俄罗斯亚洲部分，马的数量不比俄罗斯欧洲部分少多少，甚至可能更多。诚然，在1866年，吉比特卡人（kibitkas），或居住在西伯利亚草原的吉尔吉斯人的家庭数量上升到了30万，因为最贫穷的家庭通常每户拥有15至20头马，而富有家庭每户拥有的马数量达到5000、8000和10000头，所以必须假定仅吉尔吉斯的马就可达数百万头。而在西伯利亚，还有下文中要说到的许多其他马种，尚且不算数量巨大的野马。另外还要加上未在俄罗斯欧洲部分统计之列的数十万高加索马。

总之，俄罗斯欧洲部分和亚洲部分加在一起拥有全世界马匹总量的一大半。

俄罗斯可能同时是各种普通马种的摇篮，因为，根据学者的意见，所有驯养马都来自于曾经或现在仍生活在中亚草原上的野马，这样的草原现在大部分属于俄罗斯帝国。由此，各种马跟随着各族人群首先扩展到俄罗斯欧洲部分，然后进入西欧。这种从西伯利亚向西的迁移直到现在还在继续。将来，当西伯利亚通过铁路与欧洲连为一体之时，当真正的和平取代目前的半战争状态之时，西伯利亚马可能大量地涌向欧洲，特别是其中真正值得注意的马种，例如吉尔吉斯马（Kieghizes）、卡尔梅克马（Kalmouks）或土库曼马（Turkomanes）。

由此可见，在有关马的研究上，俄罗斯占有特殊的重要地位。

俄罗斯马的种类与这里的气候、土壤和生活其中的民族一样具有丰富的多样性。不过，尽管土壤和气候有别，这些马都具有一些共同的特点，这将它们联系起来。实际上，所有的俄罗斯马要么是草原马，要么是离开草原不久的马，全部属于轻种或东方种的马。只有种马场的马例外。

人们用“草原马”来指称出生在草原上并自由生活在那里的塔布诺和高希亚克[①]中的马，它们常年或几乎常年以脚下的草为食。简而言之，一切过着野生食草动物生活的马都被称作草原马。属于这个范畴的，首先是野马，或由于主人的疏忽而变成的野马；然后是游牧民族的半野马：吉尔吉斯马、卡尔梅克马，等等；最后是顿河马和高加索马。

俄罗斯欧洲部分的大多数马，包括农用马，都不再属于草原马，而是起源时间或多或少更近的马。

种马场的马构成特殊的一类；它们几乎都是外国种马之间，或是外国种马与本地马之间杂交的产物。其中一些比较忠实地复制了外国种源的特征；而另一些杂交马尽管采用了外国种源，在气候、土壤和饲养条件的影响下，产生了特有的俄罗斯马，俄罗斯快步马就是一个例子。

通常说来，可以将俄罗斯马划分为 5 类：1）草原野马产下的后代，2）游牧民族的半野生草原马产下的后代，3）饲养的草原马在种马场产下的后代，4）农村类型马产下的后代，5）种马场的马。

---

① 塔布诺（*le taboune*）指一群马；高希亚克（*le kossiak*）指种公马的“后宫”，由 5 至 20 头母马构成，通常由种公马选定，由其率领和保护。

第二章 野马

在本质上的野马中，必须指明鞑靼野马、普氏野马和骞驴 *。

如今，只有在远离西伯利亚和中亚的草原里才能见到鞑靼野马。但是，在 18 世纪末，鞑靼野马不仅在西伯利亚大量出现，而且在俄罗斯欧洲东南部丰茂的草原上到处可见。四十年前，在赫尔松省（Kherson）和多利德省（Tauride）还存在一些。1866 年，人们在这一带发现了最后的鞑靼野马之一，并且逮住了它；1884 年时，它还活着（见图 18）。自从那些从前荒凉的草原开始住人，并且被耕种以来，鞑靼野马就遭到驱赶和杀害，越来越退向西伯利亚深处，现在只有在那些地方才能找到它们。

鞑靼野马（见前文图 1）体小，比大部分俄罗斯农用马更小；但是，它体格健壮。它的头部比较大而多肉，额头鼓起，耳朵尖，眼神狡黠，炯炯有神。它像大部分草原马一样，颈长如鹿，项背高，背直，臀部轻微下垂；胸部非常发达；四肢长，精干而肌肉发达；四蹄坚硬；体毛通常为灰色，腹部毛色渐浅；沿背部有一条骡纹；顶毛、鬃毛和不长的尾巴颜色更深；四肢膝下部几乎为黑色；毛长而有波浪，冬季毛比夏季毛更长。鞑靼野马在草原高希亚克马群中漂泊，马群由一匹公种马率领多匹母马组成。它们野性十足，稍有危险便以非凡的速度逃之夭夭。人们逮住刚出生的马驹，还可以驯化它们，尽管它们的表现一直不是很驯顺；而成年马则从不接受驯化。鞑靼公种

---

* 法文 hémione 一词在国内词典中均译作“骞驴”，法国 *LAROUSSE* 百科辞典释义为“中亚野驴，其形态更像马”，有别于俄国学者的分类。——译注

马非常青睐驯化的母马，如果它们在草原上遇到驯化母马，便会将其劫持走。这种情况在许多个世纪里不断发生，鞑靼野马与草原驯化马的杂交频繁发生，致使当前型鞑靼野马可能与原始型大相径庭。自然地，由于邻近的驯化马增多，这种混血的影响越来越明显。在俄罗斯欧洲部分，这种马最新的代表大概就属于这类鞑靼野马，它已经通过与驯化马的杂交发生了很大变化。1866年，在俄罗斯欧洲部分南部[①]逮住的鞑靼野马，由 J. N. 萨迪洛夫描绘，见图18，毫无疑问，它具有西伯利亚鞑靼野马的全部主要特征；但是同时，不能否认它与我们的农用马，特别是小俄罗斯的马也有许多相像之处；只要比较一下图 1、18 和 29，便一目了然。这匹鞑靼野马毛色深灰，但是，左前肢从

图 18：萨迪洛夫的鞑靼野马（Tarpan de Chatiloff），18岁，体高 1.36 米，深灰色皮毛。拍摄于莫斯科动物园。

① 位于赫尔松省扎格拉兹卡雅（Zagraladskaya）草原。

膝部直到趾骨都是枣红色，对我们而言，这是此种动物与驯养马近亲的无可辩驳的标志。这匹鞑靼野马出生后不久被捕获，3岁时被阉割；1884年4月，18岁时被转运到莫斯科动物园，当时给它拍了照，并附有详细描述[①]。它接受了挽马和乘用马的训练，但是，它一直非常容易发怒，而且同其他马不合群。

普氏野马至今不大著名。根据蒙古人的说法，在中国新疆罗布泊周围的草原上，能看到大群普氏野马，它们可能从那里进入中亚河中地区边境地带。这种马野性十足，很难活捉，甚至很难近距离枪杀。目前的描述和随附的图画（前文图2）来自圣彼得堡动物博物馆里用稻草充塞的标本，这一标本是用普尔热瓦尔斯基上校从中亚旅行带回的壮年马马皮和马头制作的。因此，在描述和绘画中只能把没有被标本制作者改变的地方看作真正准确的：头大而厚实，耳朵长，但比例和谐；皮毛浅栗色，两侧颜色更淡，而腹下几乎为白色；相反，四肢膝部以下颜色更深；没有骡子那样的背线；毛长而有波纹；额部无长毛；马鬃短而直，呈褐色；尾巴只是从中间起下半部覆盖长毛；蹄窄小[*]；四肢膝弯处有栗球体。

根据这些动物学特征，俄罗斯学者将普氏野马列入马类；但是，它也像驴，与野驴尤其相像，以至于我们把它们看作同一类型的变种。

吉尔吉斯人和蒙古人将野驴（前文图3）称为古兰（khoulan）或迪吉泰（dgiguitaî），这是一种介于马与驴之间的动物；它的外表完全像普氏野马；但是，它背部有骡子那样的背线，并且四肢有斑纹（横向斑点）。18世纪，在俄罗斯欧洲部分东南部的草原上还存在野驴，但是，现在只有在西伯利亚和中亚才能看到它们。在吉尔吉斯草原，还有相当数量的野驴。

在西伯利亚草原，人们还能看到大量的野马在漂泊游荡，这些野马被称

---

① 见 coobshie o raphataxb par M. J. Chatiloff, Moscou, 1884。

* 此处疑有误。普氏野马蹄宽圆。——译注

作穆基诺马。这些马是由于游牧民族的疏忽而从马群中离散的马，它们重新变成了野马。这在吉尔吉斯马群中是经常发生的事情。穆基诺马自然很像它们的来源种——驯化马。相反，它们有别于原来的野马，也就是鞑靼野马，这不仅表现在外表上，也表现在它们极易被驯化。

第三章　游牧民族的半野生草原马

当到处都有足够的覆盖着野草并且适宜于放牧的处女地时，不仅在俄罗斯，在西欧也能看到半野性马群。19 世纪之初，在波兰、普鲁士和匈牙利都还存在这样的马群。在撒丁岛山区和设得兰群岛、冰岛，甚至欧洲大陆某些未被开垦的地方，人们至今还能看到半野性的矮种马。但是，这一切从来都不重要。真正饲养半野性马群的国家一直是俄罗斯，它广袤的草原自远古以来就是各类食草动物的牧场。不过，在俄罗斯也一样，由于农业的发展，原始的养马方式日渐被推向东方，而现在仅在吉尔吉斯和卡尔梅克草原被完全保留下来。巴什基尔马（Bachkirs），以及高加索马和顿河马已经属于第三种类型的草原马，在对这些马的饲养中，人们采用了种马场的某些规定。卡尔梅克马本身受到近邻俄罗斯的很大影响，致使对马真正的原始饲养现在只存在于游牧的吉尔吉斯人那里。

游牧民族的半野性马的生存方式与全野性马差别很小。它们全年生活在旷野里，在草原上完全自由地出生和成长，仅以能够找到的野草为食。它们能忍受各种温度变化的影响：在夏季，天气热得令人窒息，在太阳下能达到 150 华氏度（65.6 摄氏度），炙热的风经常挟带着迷眼的沙尘；而冬季里，严寒经常超过 –30 华氏度（–34.4 摄氏度），常有飞雪旋风等等。它们像野马一样，构成高希亚克马群，一头公种马率领 15 到 20 头母马，引导并保护它们。还没有做母亲的小母马与阉割后的马单独吃草。高希亚克马群会合成数百头，甚至数千头的塔布诺马群。

在吉尔吉斯和卡尔梅克草原上，冬季通常严寒，伴有厚厚的积雪。这种时候，可怜的马为了寻找被雪覆盖的残存野草，不得不用它们的蹄子挖雪，同时以雪止渴。当发生飞雪旋风之时，这些可怜的马忍受着可怕的痛苦；但是，在解冻后，当积雪被薄冰取代之时，它们的灾难将达到顶点。没有钉马掌的蹄子打滑，很难碎冰，而且当积冰太厚时，马蹄子经常破损。于是，真正的饥馑开始了。在此种情况下，懒惰的牧民经常会去援助他们的马群：他们成群结队地去破冰。他们往往骑骆驼前行。在此期间，很少有马群主人拥有足够的草料来喂马；他们当中大多数人根本没有草料。

在这样的条件下，当冬天结束时，马变得真正枯瘦如柴，许多马死了，马驹死去的尤其多。春天一到，草马上开始从雪下冒出来，部落起营，开始带着马群和牲畜迁移。一个地方的草被吃完，人们就会换地方，但有时，如果预见到有更好的牧场，人们会提前起营。他们逗留在同一个地方从不超过三周，通常时间更短。

这样的迁徙持续到秋末。马和牲畜都大大地得到恢复，尽管它们忍受的艰难并不随着冬天而结束。夏季里，它们忍受着从酷热的白日到寒冷黑夜的突然变化、充满沙尘的热风、缺水或经常咸而苦的不良饮水条件、成群成团的飞虫、瘟疫疾病等。

而马驹在这种艰苦的生存条件下尤其受到煎熬。母马在春天3—5月份下崽；它们的大部分奶都被用来制作奶酒[①]，这是牧民的主要食物和喜欢的饮料。小马驹出生后便与母亲分开，仅仅在傍晚挤奶后，它才能夜里跟母亲在一起。整个白天，马驹被拴在木桩子上，待在太阳之下，没有食物。不幸的马驹这样度过整个夏天，而秋天，当它习惯了吃青草，便被赶进马群，随着马群忍受冬季的一切灾难。

---

① koumisse：用母马的奶发酵制成，非常有营养，能使人微醉。医学成功地使用它做保健药来治肺病。

交配通常毫无选择，全凭偶然结合。它们不到成年便开始繁殖；3 岁的公种马已经有了高希亚克马群，而与之同龄的母马也有了马驹。

由此可见，游牧民族的马与野马的生活区别不大，野马的生存条件甚至更有利：至少它们的马驹可以享受母亲的全部奶水。游牧民族的马有很多不能忍受这样悲惨的生存条件，死去的马驹尤其多。但是，经过各种考验的马获得了一种非同寻常的耐累、耐饥饿和耐受各种匮乏的能力，而且这种抵御能力成了它们的主要品性，由于这些磨难，它们长得既不漂亮，体形也不大。然而，经验证明，只要稍微改善一下生存条件，便可以使它们长得更高大，并且拥有更美丽的形态；通过精心地选择交配个体，甚至可以产生适宜于各种用途的品种优良的马，但主要是乘用马。

吉尔吉斯马

吉尔吉斯草原在里海东北部蔓延开来，位于北纬 55° 到 43° 之间；它涵盖奥伦堡省的部分区域，以及乌拉尔、图尔盖、阿克墨兰、塞米帕拉金斯克和塞米莱特琴斯克的各省。在这 1,962,000 平方俄里（2,232,756 平方公里）的广袤土地上，居住着 200 多万吉尔吉斯人。但是，因为缺乏水和森林，土壤中多沙，再加上咸水沼泽众多，所以尽管陆地面积巨大，包含 2 亿多阿庞（2.185 亿公顷）的土地，但可以正常耕种的地方相对很少。可以说，吉尔吉斯草原天生利于放牧牲畜。因此，拥有稳定居所、从事农业的吉尔吉斯人很少。况且，他们的农业生活历时不久，仅仅在被他们的近邻哥萨克和俄罗斯农民殖民后才开始。吉尔吉斯民族的大部分人仍然保留着游牧生活，遵守半野生的习俗。而即使已经定居的吉尔吉斯人也不是完全定居，只是冬季待在悲惨的土茅屋里，每年的其他时间里，都像同类其他游牧民族一样，带着畜群漂泊，区别只在于他们从不离开固定居所太远，通常不超过 30 或 60 俄里（32 或 64 公里）。他们从俄罗斯殖民者身上学到一些本事：更精心地爱护牲畜，冬季给它们提供草料，因为草料通常是缺乏的，并给它们建筑预防坏天气的庇护所。定居下来的吉尔吉斯人除了马和羊以外，还饲养雄牛和乳牛，但很少饲养骆驼，骆驼在他们不远的旅程中不是必不可少的。当前，游牧的吉尔吉斯人专门饲养牲畜，代表最典型、最有特色的过着半野性的流浪生活的游牧民族。之前我们提到的有关游牧民族饲养牲畜的一切情况主要与这些吉尔吉斯人有关。他们自春天开始直到深秋，甚至直到冬天，都在草原上漂泊，并不总是停留在同一个地方。他们称作吉比特卡（kibitkas）的毛毡帐篷是他们的住房；必要时，这些吉比特卡可以很快拆掉，装到阿尔巴车*上，由骆驼拉车。这些游牧的吉尔吉斯人通常既不饲养雄牛，也不饲养乳牛，但除了马和羊以外，他们有骆驼作为役畜，用以拉运阿尔巴车，车上装载着吉比特卡、生活用品和那些不能骑马的家庭成员。

正如游牧的吉尔吉斯人是最纯粹的游牧民的典型代表，他们的马是半野性状态的饲养马的最典型产物。吉尔吉斯马通常体小，高度很少超过 1.42 米。它体格健壮；头部比例匀称，眼睛富于表情，耳朵灵活，形态有点像骆驼耳朵；颈部不长，前部曲线与鹿相似；项背高，胸不宽，但健壮；背部直或略凸出；腰宽而高；尻部略下垂，但尾巴健壮；四肢略短，但健美发达，干练，肌肉发达有力；四蹄小而坚硬结实。皮毛夏季时短而光滑，冬季时则长而粘连成毡；尾毛和鬃毛厚实；毛色通常为浅色，包括灰黄色，栗色夹白色，栗、灰、白相间的杂色，浅栗色等。插图Ⅳ描绘了非常典型的吉尔吉斯母马。

吉尔吉斯马没有漂亮的外表，但是，它以活力、机敏和令人吃惊的耐饥饿和耐劳累的能力著名。它可以几天不吃东西，并且轻而易举地一口气穿越

* arbas，整块装件的大轮车。——译注

70 到 100 俄里（75 到 106 公里），平均每小时 8 到 10 俄里（8.5 到 10.5 公里），直至 12 到 15 俄里（13 到 16 公里）。它可以忍受各种气候，而且既可以当作乘用马，也可以当作挽马。正是吉尔吉斯马一生经受的匮乏和痛苦，让它们练就了我们所说的这种杰出的抵御能力。它们的活力、敏捷和速度是通过连续不断的游牧生活和在跑马窜犯（*les barantes*）以及赛马活动期间频繁的训练发展出来的。跑马窜犯是在许多马匹参与下进行的，目的是劫持近邻部落的马群。在这种情况下，骑手有时必须接连奔跑 100 俄里（106 公里）或更多，而带着劫持的马群归来时还要跑同样多的路程。但是，更令人瞩目的是吉尔吉斯的跑马比赛，比赛通常在庆祝节日时举行。要奔跑的距离对于欧洲马而言是非同寻常的：一口气奔跑 25 到 30 俄里，直至 50 到 60 俄里（也就是 27 到 32，乃至 53 到 64 公里）。比赛开始之前要选出裁判员，一部分裁判员留在现场，监视选手起跑，另一部分裁判员留在终点监视。参赛骑手停在一条线上，一旦发出信号，他们就策马全力向前冲。优胜者，也就是首先到达终点的骑手获得奖赏，一等奖经常价值很高：一百匹马，一百或二百头羊，许多骆驼，珍贵的武器等；二等奖及二等奖以下的有时仅以一头羊当作奖品。优胜者人数不多，但是，所有的赛手都必须以某种方式抵达终点，因为不到达终点者将蒙受永远的耻辱。为了避免这种耻辱，当骑手的马在抵达终点之前跑得喘不过气来时，骑手的亲戚们会拉着缰绳把骑手和坐骑拖到终点。

我们无法估计吉尔吉斯马的数量，哪怕是粗略估计也无法做到，但是应当有几百万头。因此，吉尔吉斯马不仅在质量上，而且在数量上，都特别值得关注。俄罗斯国家种马场总局对此非常理解，并使用其能力范围内的各种办法来巩固和改善这个品种。在未来，它可以不仅为俄罗斯，而且为全欧洲的养马场提供丰富的资源。

奥伦堡和乌拉尔省哥萨克非正规骑兵每年购进大量的吉尔吉斯马用作军

彩色插图 IV：斯卡库尼亚（Skakounia），8 岁，体高 1.48 米。吉尔吉斯母马，源自吉尔吉斯草原。

马，许多马进入萨马拉（Samara）和萨拉托（Saratow）省。也在锡姆比尔斯克（Simbirsk）省以及维雅特克（Viatka）和拜耳母（Perm）省南部，乃至在顿河畔罗斯托夫和道里德（Tauride）省的交易会上都有吉尔吉斯马出售。

卡尔梅克马

卡尔梅克马或奥义拉特马（Oirates）像吉尔吉斯马一样，都源于位于中国北部与西伯利亚交界的蒙古，同样过着游牧生活。卡尔梅克马的祖先于17世纪迁徙到俄罗斯。它们从洞尕里（Djoungarie）向西迁徙。主体部分在行进中到达里海北部位于伏尔加河和乌拉尔河之间的草原才停了下来，这片草原就叫卡尔梅克草原。这些游牧马的另一支队伍数量要少得多，它们趋向阿尔泰山谷，并且定居下来。人们只把生活在伏尔加河和乌拉尔河之间的草原上的马称作卡尔梅克马。至于阿尔泰的卡尔梅克马，尽管发源地相同，但是山区土壤和生活方式的影响致使它们发生了很大变化，现在变成了全然不同的另一种马，即阿尔泰马，我们将在下文里谈到。

卡尔梅克马，也就是生活在卡尔梅克草原上的马，同吉尔吉斯马一样过着原始的生活，也像吉尔吉斯马一样代表真正典型的游牧草原马。而由于密切接触卡尔梅克人与俄罗斯人，草原上的人在养马方式上已经有了某些改善，表现在为过冬储备牧草、建立马棚来抵御严寒和坏天气，有时甚至为交配选择公种马。但是，直到现在，这一切还仅仅处于初级状态，只在一些富裕的马主人那里得到不同程度的实施。

卡尔梅克马同吉尔吉斯马一样缺少高贵的外表，但是它们通常躯体高大，从1.47米到1.52米，有时甚至达到1.56米；马头长，比吉尔吉斯马的头更粗大、更多肉，下颌骨非常发达；眼睛灵活；像所有草原马一样，脖颈反向就像鹿一样；背直，臀部不像吉尔吉斯马尻部那样下垂；尾巴紧贴身体；四肢健壮有力，腱肉发达美观；四蹄坚硬而结实；毛平直，毛色通常为浅色，往往是浅栗色，深栗色极少。卡尔梅克马像吉尔吉斯马一样充满活力，敏捷而迅速；它们像吉尔吉斯马一样，能够一口气奔跑 100 俄里（106 公里）甚至更多，中途不吃不喝；有许多侧对步行走的马[*]。卡尔梅克马的缺点之一是生长发育缓慢；它们直到 5 岁，甚至 6 岁身体才完全长成。

卡尔梅克马是优等骑乘马，并且像吉尔吉斯马一样被用于长距离比赛。

图 19 和插图 V 所示为卡尔梅克马。

卡尔梅克马的数量肯定不少于 50 万头。

卡尔梅克种的马主要在阿斯特拉干省（Astrakan）和萨拉托省，以及顿河省军队辖区出售。人们也把马带到凯尔松（Kherson）、保尔塔瓦（Poltava）、

图 19：卡尔梅克马，根据照片绘制。

* 俗称“溜蹄马”。——译注

彩色插图 V：卡尔梅克马（Kalmouk），8 岁，体高 1.50 米。卡尔梅克公种马，由卡尔梅克人赠送给俄罗斯赫尔维利尔大公。

包道里（Podolie）各省和俄罗斯欧洲西南部的交易会上，有时甚至在波兰的交易会，例如贝特洛克沃（Pétrokow）省雅尔基（Jarki）交易会上出售。

阿尔泰种的马，正如我们说过的，是在阿尔泰山谷里成长起来，它们的外表像吉尔吉斯马，但是它们的体形更大，骨骼也更宽、更发达，四蹄也有别，它们有坚硬的“铁蹄”。这个品种的马既不适宜用鞍辔，也不适宜用马鞍；但是，它们非常出色地适宜于其通常的用途，也就是说在山区驮运货物，在这方面，任何其他品种的马都不能与之竞争。在全年任何季节，以及任何天气状况下，它们在群山之间长途旅行，驮着八九普特乃至十普特*的重负，以路途中遇到的少有的草为食，而在冬季，它们必须用蹄子挖雪，在雪下面找草吃。在雅库茨克（Yakoutsk）、科雷马高地（Sredne-Kolymsk）、奥考刺克（Okhotsk）、西吉甲（Hijiga）和卡姆查特卡（Kamtchatka），它们常年这样运送货物。在这些地方，道路既不能通过带轮子的车辆，也不能通过雪橇，只能靠役畜通过。这些地方没有骡子，而骆驼根本不适宜这类山区旅行，只有阿尔泰马能耐心而顺从地执行这项任务。

* 普特：俄国重量单位，合 16.38 公斤。——译注

第四章　种马场正规饲养的草原马

这种向更规范的饲养过渡的标志，特别表现在人们不再让马完全依靠其自身能力。对它们进行监测，给它们建立抵御严寒和坏天气的庇护所，给它们准备冬季饲料，而且更关注它们的交配，为此，如果近处能行的话，经常在配种马房，或是私人或国家种马场里选拔公种马进行交配。属于这类品种的马有：巴什基尔马、乌拉尔和顿河省的哥萨克马、大部分高加索马、诺盖伊马或克里米亚的塔塔尔马，以及 19 世纪后半叶从土库曼尼亚、布卡里、吉瓦汇聚到俄罗斯亚洲地区的马。

巴什基尔马

巴什基尔人源于芬兰和蒙古，信仰伊斯兰教。他们共有 30 多万人，生活在俄罗斯欧洲地区东北部相邻的 5 个省份，尤其是维雅特卡、拜耳母、萨马拉、乌法和奥伦堡诸省。他们居住的地方部分是山区，部分是草原；总的说来，土地肥沃，不仅拥有丰富的牧场，也有非常有利于农业的土地。由于这一切，巴什基尔人来到这里后，从游牧民族逐渐定居下来，成为农民，有了固定的住房。他们从古老习惯中保留下来的只是每年夏季从 6 月中旬直到 9 月带着马群旅行，但是，在旅行中，他们从不远离居所。这样的生活方式影响了巴什基尔马，使它们失去了半野性的草原马性格，更确切地说，现在它们更接近乡村马类型，更适宜于鞍辔而不是马鞍，就此而论，更像是同样源于草原马种的俄罗斯农用马。

巴什基尔马像它们的主人一样，可能来源于芬兰和蒙古，它们带有近邻的吉尔吉斯马身上相当多的混血成分，因此更像吉尔吉斯马。但是，巴什基尔马不如吉尔吉斯马精悍，骨骼更发达；它们的头更大，而且侧面更笔直；

图 20：平原巴什基尔马。L. 西蒙诺夫博士拍摄。

眼睛灵活性差；耳朵宽大，而且随着头部动作而摆动；脖颈通常比吉尔吉斯马更长，前面无隆起；胸部相当宽；背部略长；臀部不下垂；四肢健壮有力，四蹄硬实。皮毛和毛色与吉尔吉斯马相同。它们的体高在 1.42 米和 1.56 米之间。它们驯顺，性情冷淡。它们像吉尔吉斯马一样耐劳，经得住温度和气候的变化。在山区里成长的巴什基尔马通常比平原马躯体更小，更矮壮。插图 VI 所示为一头山区巴什基尔马，图 20 表现的是平原马。

现在共计有 60 万头巴什基尔马。

巴什基尔马也用来为乌拉尔和奥伦堡哥萨克军团补充军马。在出售吉尔吉斯马的地方同样也出售巴什基尔马。

乌拉尔省的哥萨克马

乌拉尔的哥萨克人生活在乌拉尔河流域，一边与巴什基尔人为邻，另一边与吉尔吉斯人为邻，因此他们的马代表一种巴什基尔和吉尔吉斯血缘混合种。哥萨克马可能源于这两种马的杂交。但是，由于受到更好的待遇，它们获得了更美的形体，它们的头比巴什基尔马的头更轻便，它们有反向的脖颈，但比吉尔吉斯马的脖颈更长；臀部少许下垂；胸及整个躯体都具有优美的比例；四肢精悍，肌肉发达，四蹄硬实。它们的平均体高为 1.45 米。它们非常耐劳，有耐力，非常机敏迅捷。插图 VII 所示就是一匹这样的马。

顿河马

顿河哥萨克肥沃的草原在顿河及其支流的两岸蔓延扩展。许多个世纪以来，这里一直是众多马群的牧场，在这些马群里，在 19 世纪初，还能看到完全野性的马——鞑靼野马。顿河马是由多样元素混合的产物，这些元素的多样性不亚于顿河哥萨克民族本身的组成成分。不谈萨尔玛特人、匈奴人、柏奇奈格人、阿瓦尔人、博罗兹人等的遥远时代，只谈相对较晚的时期，在我们这个时代的 300 年前，甚至更接近我们的时期，还能看到俄罗斯各地和

彩色插图 VI：巴什基尔马，6 岁，体高 1.37 米。

彩色插图 VII：茹贝尔（Joupel），8 岁，体高 1.52 米，乌拉尔种马（阉马）。

周边国家的冒险家们涌向顿河流域，他们分别是俄罗斯人、小俄罗斯的哥萨克人、波兰人、波希米亚人、匈奴人、犹太人、鞑靼人、卡尔梅克人等。这些人来到这里，都靠战争和劫掠生存，他们带来了进行侵扰劫掠所必不可少的马匹。另一方面，许多马匹，经常是整个马群都落到他们的手里，成了他们同土耳其人和高加索等各个部落作战的战利品。显然，构成顿河马的各种元素，确确实实非常多种多样；然而，相近品种，亦即高加索和卡尔梅克马的血缘应是占有绝对优势的。

典型的顿河马体形不大，躯高 1.47 米到 1.56 米之间；头部精悍，通常为钩形，有灵活的耳朵和小眼睛；脖颈后倾；项背高而足够倾斜；背部不长，挺直或轻微凸出；腰部健壮有力，臀部长，宽而少许下垂，尾巴健壮；胸部不宽，但外形美观；两肋轻微凸出，拖带印迹深；肚子凹陷（身瘦长，腹部凹进）。四肢长，精悍而结实，是本品种的马非常特别之处；大腿和后驱小腿长，比其他东方种的马更直；前肢的前臂也长，但膝部略平。四蹄小而结实；步履自由宽广；尾巴长而厚实。鬃毛也厚，但短。毛色通常是浅栗和深栗色、枣红色、灰色，很少有黑色。顿河马不美，但非常有耐力，非常轻快，敏捷而迅速。诚然，短距离赛跑它没有英国赛马跑得快：驮着重量为 4 普特（65.5 公斤）的骑手跑 6 俄里（6.4 公里），它用时不超过 9 分钟，而纯血英国马只要 8 分钟；但是，要跑完 15 到 30 俄里（16 到 32 公里）的长距离，顿河马肯定比纯血英国马更容易、更轻松；每小时 6—7 俄里（6.4 至 7.5 公里）是它通常的慢跑速度。顿河马奔跑很好，但它不大适应规范的疾走。它能大胆地越过障碍，并且不怕声响，也不怕子弹的声音；它的性格均衡而稳定，但它稍易怒，警觉性强。

我们刚才说过的，典型的古老顿河马品种变得越来越少了，原因就是不断地与其他品种马混血。现在首先能看到的一个新品种，人们称为**改良的顿河马种**，是由古老顿河马品种与种马场的马，主要是普拉托弗（J.J.Platoff）

图 21：顿河马。

子爵、马尔蒂诺夫（Martinoff）将军和毫瓦伊斯基（D.J.Hovaiski）的种马场的马进行杂交形成的。这个改良品种的马比古老品种体形更大、更美和更优雅，但是可能耐力差些。

图 21 所示为典型的古老顿河马品种，插图 VIII 是新的改良顿河马品种的彩色画像。

1882 年，顿河部队辖区拥有 426,342 头马。

每年会有一定数量的顿河马被带到阿斯特拉干、萨拉托、弗洛奈热（南部乡镇）、库尔斯克、卡尔库、保尔塔瓦、道里德、加特利诺斯拉、凯尔松、贝萨拉比亚诸省及俄罗斯欧洲地区西南部各省和波兰的交易会上出售。人们也把它们出口到奥匈帝国、普鲁士以及巴尔干半岛。

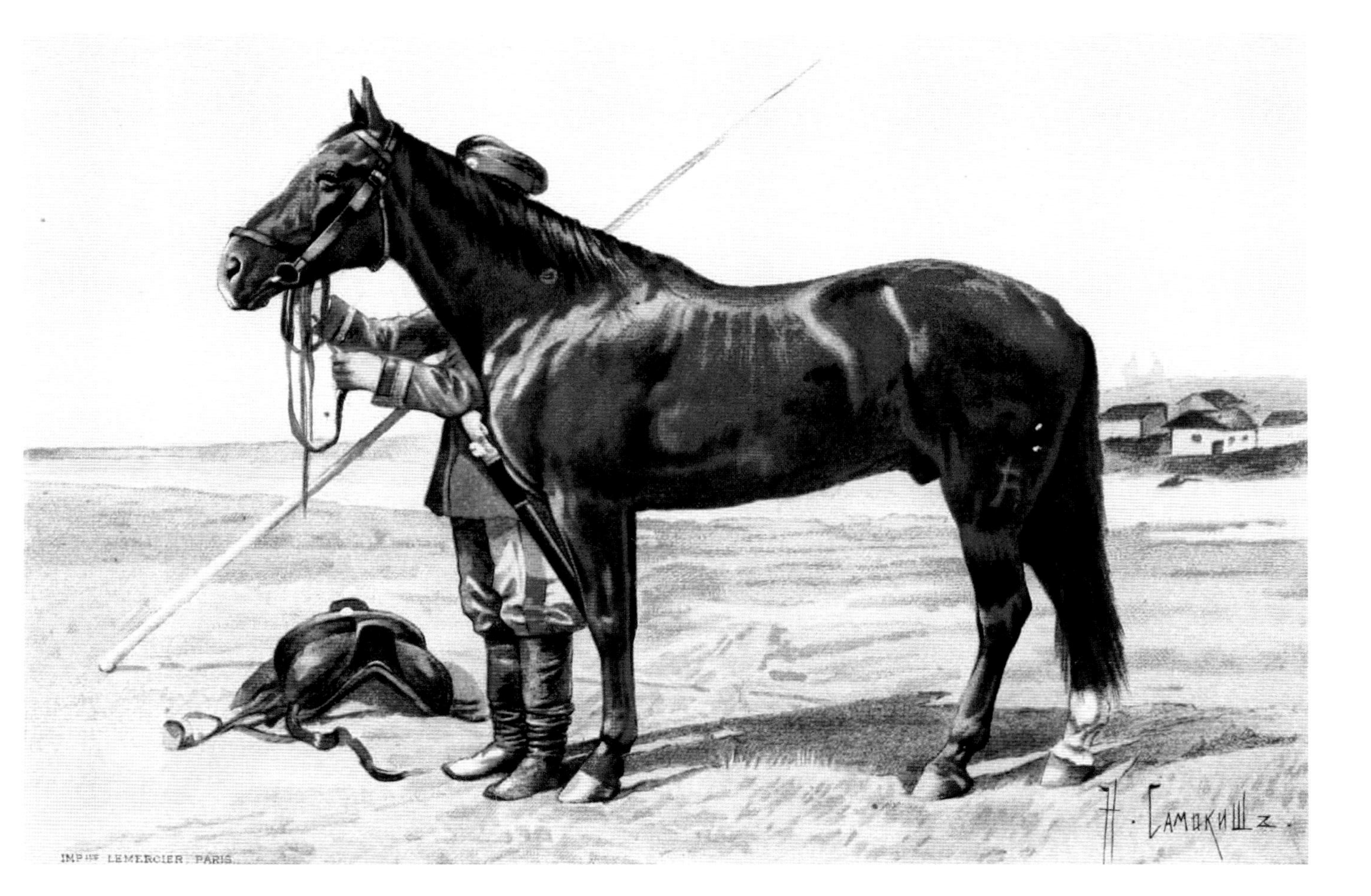

彩色插图 VIII：鲁比诺（Roublne），8 岁，体高 1.53 米。顿河种阉马。俄罗斯皇帝陛下坐骑。

诺盖伊马或克里米亚塔塔尔马

直到现在，在道里德省还能看到这种以前非常著名的诺盖伊马种。人们把诺盖伊马的来源归于塔塔尔马与阿波克哈兹（高加索）马，这些马后来与乌克兰马和波兰马杂交形成了诺盖伊马。这些马外表美，平均体高 1.47 米，但是有的体形要小得多。它们的形态轻快，比例协调，健壮；它们的头小而高雅，颈部向后倾。它们的胸部非常发达，项背高；臀部几乎垂直，尾健壮；四肢精悍，肌肉发达，但是，膝部往往是平的；蹄子坚硬而有耐力。它们的步履优雅，在它们之中有许多优秀的小跑快马。同时，它们非常迅速而耐劳。插图 IX 所示为体形较小的诺盖伊马的美丽标本。

高加索马

仅顿河省辖区高加索边界北部存在草原和卡尔梅克草原。高加索所有剩余部分在各个方向都遍布着高山。因此，大部分高加索马都是山区马种。我们把它们列入草原马的队伍，是因为它们在饲养方式上是相同的，也就是说，是按塔布诺马群的方式饲养的，亦即，它们大部分时间生活于旷野，主要以随时能找到的草为食。唯一的差别在于它们不是在平原上生活和吃草，而是在高原或山坡上，以及山谷里。但是，这个差别足以使它们在形体上和性格上产生有别于真正的草原马的特点，它们像草原马，而且大部分源于草原马。

只有一种高加索马因其内部和外部特性而构成一种完全单独的马种，那就是卡拉巴格（karabaghe）马。所有其他高加索马都非常相像，乃至行家都

彩色插图 IX：克里木（Krime），11 岁，体高 1.12 米，（克里米亚鞑靼族）诺盖伊（nogai）种阉马。俄罗斯乔治大公殿下坐骑。

感到很难区分它们。这是因为，除卡拉巴格马之外，任何一种高加索马种，都由于不断地同近邻马种杂交而没能保持纯血统繁衍。

卡拉巴格马可能源于阿拉伯马和波斯马种，因此同高贵的阿拉伯马和波斯马种具有很大的相似性。人们认为卡拉巴格马种源于阿拉伯马和波斯马同土库曼马的杂交。它被冠以从前存在于库拉河和阿拉克斯河之间的高加索南部山坡上的卡拉巴格可汗国之名，现在这片区域构成巴库省的一部分。可汗们甚至在可汗国被并入俄罗斯后，仍然保持着这种马种的纯洁性。但是，1826年，波斯人入侵巴库省，造成极大的破坏。许多塔布诺马群，以及其中许多最优秀的公种马，被带到了波斯。此后，人们曾取得了某些成功，特别是在马达道夫（Madatoff）亲王的种马场进行的试图恢复卡拉巴格马种的试验。但是，人们没能使之达到战前的繁荣状态。马达道夫亲王死后，他的种马场中一部分马被浪费了，另一部分被转运到卡尔库省，剩余部分于1836年被亳瓦伊斯基购得，收进了他在顿河省的种马场。这一切都说明了为什么现在卡拉巴格马种如此之少。几年前，曾有人认为贾法尔-库里-可汗（Djafar-Kouli-Khan）种马场里的马是最优秀的。不过，当地的条件非常适宜养马，只要有诚意恢复这种令人赞美的马种，便可成功。尤其是高加索这部分地区正好与优良马种丰富的波斯地区接壤，因此更不在话下。

如同波斯和阿拉伯半岛的同类一样，卡拉巴格马体格小，很少超过1.47米。体质也与波斯和阿拉伯半岛的马相像；它形态精悍，骨骼精致结实，肌肉突出，皮肤精细而透明，毛柔软，光滑而明亮。头顶和面额非常发达；额头隆起；面部窄；眼睛大而有神，两眼突出，位置相对较低；两耳中等大小，两耳间距离较大。颈部为弧形，尤其短；身躯不长；项背高；背部通常垂直且紧接臀部。四肢像阿拉伯马一样精悍而矫健，但有时前后肢的站立姿势可能有点儿太开放。四蹄坚硬，后跟高，有时靠得很拢。典型毛色为栗色-浅金黄柠檬色，尾巴和鬃毛栗色-血红色；但也有的马毛色为浅黄色、浅栗色、

彩色插图 X：卡拉巴格，16 岁，体高 1.48 米。（高加索）卡拉巴格公种马，属于俄罗斯维尔利尔大公殿下。

彩色插图 XI：阿巴斯（Abbas），16 岁，体高 1.53 米，卡巴尔达种阉马。俄罗斯皇帝陛下坐骑。

彩色插图 XII：列兹基诺（Lesguine），10 岁，体高 1.48 米，高加索种阉马。

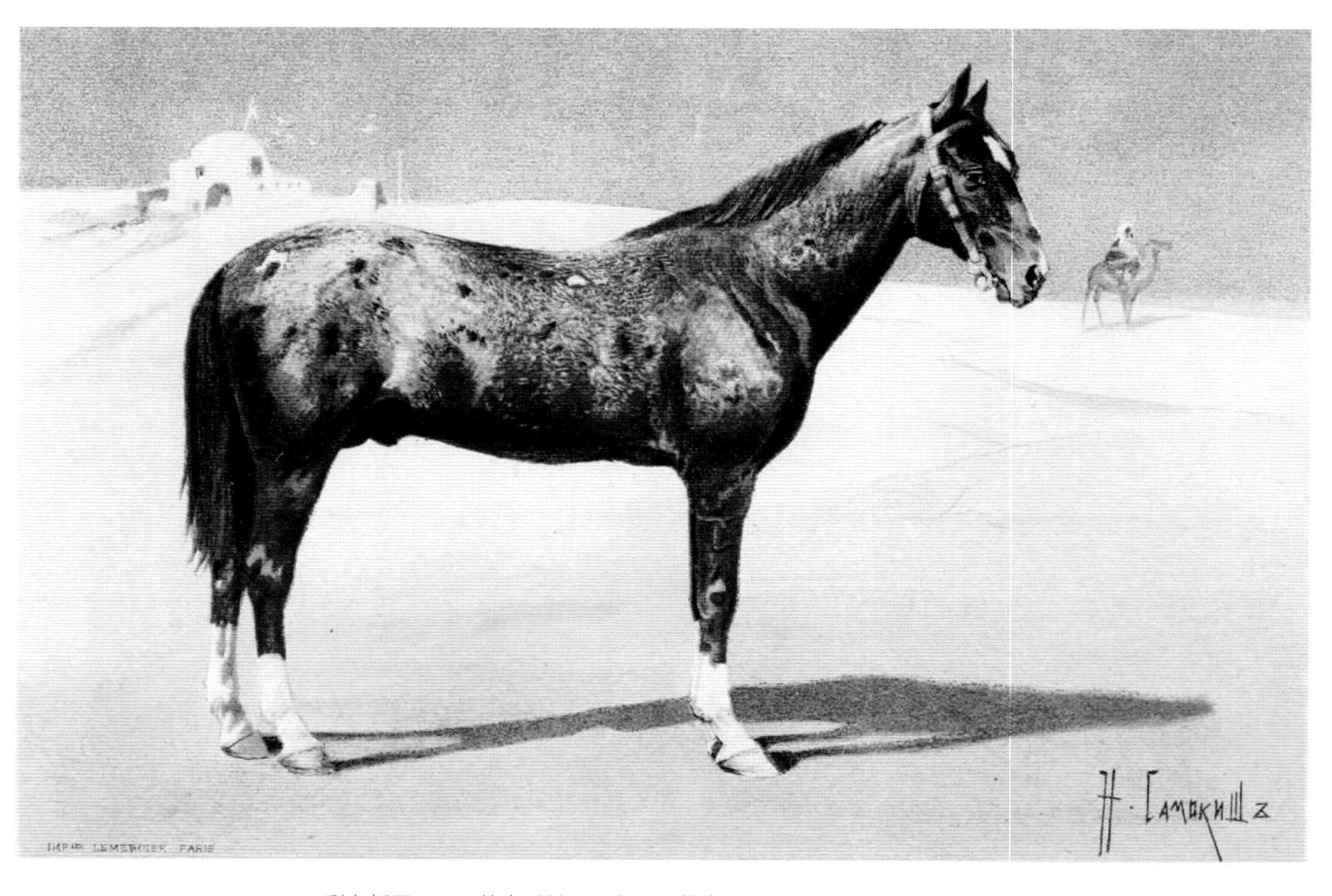

彩色插图 XIII：特克耐兹，土库曼－铁克公种马，6岁，体高1.58米。

灰色和白色。卡拉巴格马个性敏感活跃；它们步履大方潇洒，动作矫健优美。插图 X 给我们展现了非常典型的卡拉巴格马的形象。

其他高加索马种，如同我们说过的，相互间很相像，也很像它们的近邻草原马。它们的根源不为人知，但是，完全有理由相信，它们源于各种各样马种的杂交。在它们身上有某些标识，让我们可以设想它们与阿拉伯或波斯马种也有亲缘关系。所有这些马通常以切尔克斯马（Circassiens）的名字著称。它们平均体高为 1.42 米，但更确切来说要更小，而不是更大。它们的头精悍，侧影垂直或略有卷毛；颈部不长，有时后倾；背部短，胸部相当宽，臀部垂直或略有下垂，四肢精悍，肌肉发达；四蹄非常结实，但有时有形态缺点——狭蹄病。它们的毛色很多样：浅栗色、枣红-樱桃红色、枣红-栗色、灰色和白色。切尔克斯马健壮，活泼，反应迅速，胆大，脚下稳重且非常谨慎；它们能够通过其他品种的马无法接近的小径爬山而不出事故。它们本能地心细，如果骑手给它们足够的自由，它们即便在最黑暗的夜里也从不迷路。它们的耐力不亚于吉尔吉斯马或卡尔梅克马，也能忍受各种气候条件。

在切尔克斯马中间，最优秀的是卡巴尔达（Kabarda）的马——卡巴尔达马。它们比其他切尔克斯马体形更大，通常体高超过 1.42 米。其次要属列兹基诺（Lezghine）、阿波克哈兹（Abkhaze）和格鲁吉亚（Géorgie）马种，它们相互之间区别不大。插图 XI 所示为一匹卡巴尔达马，插图 XII 所示为一匹列兹基诺马。

顿河哥萨克人非常青睐切尔克斯马，他们每年购买大量的切尔克斯马。人们也在道里德、加特利诺斯拉、凯尔松、保尔塔瓦、基辅和包道里诸省的交易会上出售它们；少数情况下在弗洛奈热和萨拉托省南部乡镇的交易会上也能买到这种马。

被并入西伯利亚诸省的马种

这些马中包括土库曼马、布克哈拉马和柯西瓦马，一般说来，它们都很相像。它们的居住地，以及它们的饲养方式，在许多方面都使人想到阿拉伯半岛和阿拉伯马的饲养方式。另一方面，可以肯定的是它们的血缘经常是与阿拉伯和波斯马种的血缘混在一起的。因此，它们与这些高贵的马种有许多相像之处是不足为奇的；躯体同样精悍而瘦削，肌肉和筋腱发达而凸起；头部线条清晰，比例十分和谐，侧影垂直，额头宽而略有突起，眼睛大而灵活；但是耳朵通常更长。颈部高高抬起，健壮有力，背部垂直而健壮，臀部长，经常略显瘦削，尾巴贴身。四肢同阿拉伯马一样精悍而比例和谐，但相比之下要比阿拉伯马更长；脚趾有时太长。脚上有短丛毛，蹄子小而坚硬。与纯血阿拉伯马相比整体略显粗野，美感次之；但是另一方面，它们通常躯体更大。各种毛色与阿拉伯马相同，但是，在它们中间常见的是虎纹毛色。图 22 和插图 XIII 所示为土库曼-铁克马（或干脆称之为铁克马）。铁克马以鬃毛非常短和体大为特征，通常体高在 1.60 米以上。插图 XIV 所示为布克哈拉马。

我们无法估计——哪怕是概要地估计——这些国家饲养的马的数量，因为关于问题不存在任何统计数据；但是，非常可能至少存在数十万头。毫无疑问，这些马构成一种借以培育和改善乘用马品种的最好的元素，特别是因为它们以大部分其他草原马所缺乏的优点，即体格高大而出类拔萃。

我们认为也有必要提到由黑龙江哥萨克人饲养的马种，几年前哥萨克军官 D. 贝齐考夫（D.Pechkoff）在世界各国报刊上谈到他的旅行时，我们认识到了这个马种。这位哥萨克军官骑着这样一匹马，用 193 天时间跑完了

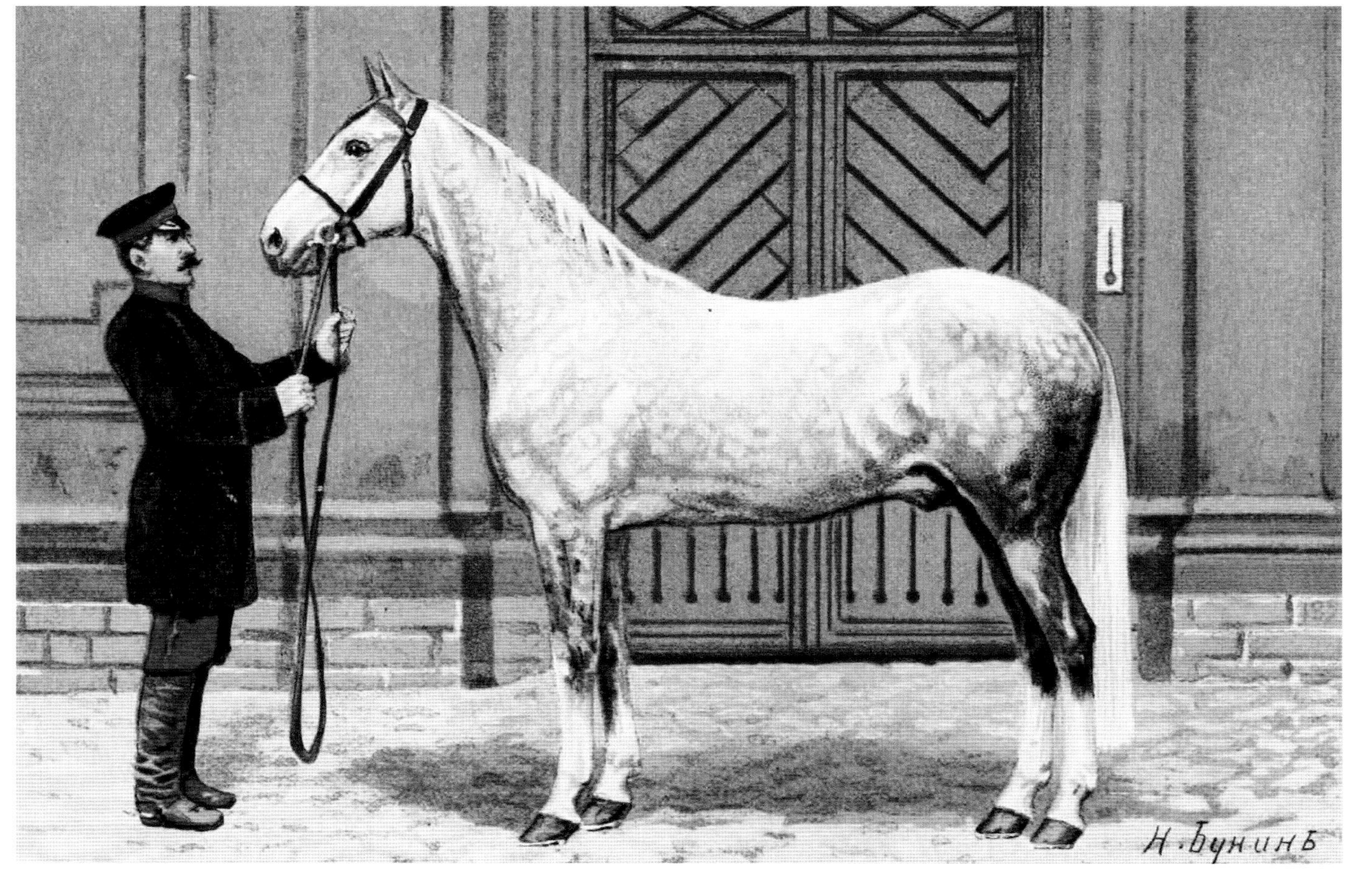

彩色插图 XIV：布克哈雷兹（Boukharetz），6 岁，体高 1.60 米。布克哈拉阉马，属于俄罗斯弗拉基米尔大公殿下。

从位于黑龙江沿岸的布拉格维申斯克*到圣彼得堡的距离，也就是说 8283 俄里（8838 公里）的路程。此次旅行之后，这匹马仍保持毫发无损，这就是 1892 年完成的插图 XV 让我们看到的它的形象。根据哥萨克军官贝齐考夫的说法，与这匹马完全一样的马是由黑龙江哥萨克人按照以 10 至 20 头为单位的塔布诺马群的饲养方式饲养出来的。它们很可能是满族马①的近亲，外观与之很相像。在我们看来，它们也让人想起巴什基尔山区饲养的巴什基尔马（比较插图 VI 和插图 XV）。

图 22：土库曼-铁克马（Cheval tuecoman de Teke），根据照片绘制。

* 又译作海兰泡。——译注

① 满族是居住于中国北部的民族，黑龙江将其与西伯利亚隔开。

彩色插图 XV：塞尔克马（Serko），14 岁，体高 1.37 米。阿穆尔省哥萨克饲养马种（阉马），属于俄罗斯埃维里尔大公殿下。由贝斯考夫索特尼克赠送。

第五章　乡村马

举凡为服务农村经济而饲养的马都属于这类。由于这样一种饲养方式，它们或多或少获得了鞍辔马的特性，从本质上有别于前述三种主要用作坐骑马的草原马。这类马由更多样的元素形成，饲养条件更是有别于草原马种，因此品种要比草原马多得多。在俄罗斯欧洲部分的2200万头马之中，有1900万头马因为其饲养方式而属于乡村马。但是，在这数量庞大的马之中，只有极少量的马在相当长时间里，连续不断地受到饲养体系的影响，从而形成单独的、有特色的马种。余下部分，也就是说绝大部分，都被统称为“农用马”，代表着一个极不和睦且极为多样的整体。

在多少有特征的乡村马之中，必须指出的有：比图格马、维雅特卡马、奥博瓦马、美珍马、爱沙尼亚克莱坡马、芬兰马和吉姆德马。

比图格马

比图格马的名字源于同名的河流，这条河流经弗洛奈热省包布罗乡镇。它们是于18世纪初由彼得大帝派到这里的荷兰公种马与当地母马杂交形成的。后来，在建立科勒瑙瓦耶种马场后，这个品种的马由于奥尔罗快马的血缘关系又得到了改良。此后，比图格马不仅被养在私人或国家的种马场里，而且主要被养在弗洛奈热和塔姆布瓦省的农民家里。当这些省份拥有广阔而丰茂的牧场之时，比图格马活跃昌盛。但是，自从绝大部分草原被改造为耕地以来，比图格马的体形变得越来越小，眼看失去了它们的典型特征，以致现在只有在种马场或非常富有的农民家庭里才能看到它们。弗洛奈热省的苏卡夫卡村在该省的所有村庄之中，所产的比图格马最负盛名。

比图格马是俄罗斯唯一的重挽马；体高为 1.60 米到 1.70 米；体质健壮，匀称；胸部和躯干通常宽大；背部稍长，但健壮有力；臀圆，轻微下垂，而且有时双尻；头中等大小，通常呈钩形，饰有一双大眼睛；脖颈厚实多肉，不很短，且足够高雅；鬃毛、尾巴和丛毛长；四肢健壮而肌肉发达，脚趾短；蹄子特别坚硬；皮毛颜色为黑白相间、沙色、灰色、枣红色、浅灰色和黑色。比图格马在劳作中非常健壮有力，耐力强；性格驯顺服从；它们的动作潇洒，自由而规律；许多比图格马成为优秀快跑马，致使人们不仅把它们用作重挽马，也用作轻挽马，例如，用作华丽车挽马。比图格马由于其体质和精神秉性，远比国外的重挽马更适合俄罗斯，尤其是它虽然有巨大的拉力（它能拖拉从 150 到 200 普特的重量，或者说从 2500 到 3200 公斤乃至更多），却比国外的挽马轻盈得多；对我们没有铺石子的马路来说这是个巨大的优势。再者，比图格马更活跃的性格和更迅速的步履非常适合俄罗斯人的性格。但是，更重要的是，对于我们而言，比图格马无可争辩的好处是被经验证明了的，而国外马种的好处还有待证明——它们中的一些马种已经成功地骗过了人们对它们的期待，例如，佩尔什马和著名的克莱戴斯戴尔马；现在，人们正在试验比利时的阿登马。但是，更可靠的兴许还是遵循俄罗斯人的格言“切勿追求更好而失去好”，也就是说，我们宁可努力去改善和更新我们已经充分认可，由于我们重视不够而趋于消失的马种，而不是努力把我们不熟悉，而且总是非常昂贵的国外马种引进到俄罗斯。

根据我们的看法，1891 年圣彼得堡的赛马比赛证明了：即便试图通过与佩尔什马和克莱戴斯戴尔马杂交来改良比图格马也不是很成功。这些混血马中有一些拿到了奖项；但是，在行家眼里，它们太笨重，体形不和谐，一点也不美。为了取得成功，理应选择一个类似的马种，也就是一个与比图格马亲缘关系更近的马种来进行交配。正是出于这个理由，我们认为俄罗斯国家种马场的场长沃隆佐-达史克伯爵新近用丹麦马种的血缘来改良，或者更准确地说是恢复我们的比图格马的尝试完全有可能成功。谁要是看见过我们

图 23：布尔尼（Bourny），比图格公种马，毛色带灰斑点，6 岁，体高 1.66 米。摄于 1891 年圣彼得堡赛马比赛。

为此引来的丹麦马，就会同意我们的看法：这些马在气度和形态方面与比图格马非常相像。这是毫不奇怪的，因为比图格马是丹麦马的近亲。正如我们前边说过的，比图格马源于农民的本地马与荷兰马和奥尔罗快马的杂交，这两种马都含有足量的丹麦马的血缘。甚至更有可能的是，丹麦马在比图格马

彩色插图 XVI：西尔尼（Silny），15 岁，体高 1.65 米，比图格公种马。

的形成过程中起到了更直接的作用，因为在彼得大帝时代为改良马种而从国外引进的荷兰马中，也有丹麦马种。况且，要认清丹麦马与比图格马的相似性，只需对照一下图 23 和图 66，以及描绘两匹比图格马和一匹丹麦马的插图 XVI 便一目了然了。

在出售种马场快马的交易会上，也能看到比图格马。

维雅特卡马和奥博瓦马

所谓的维雅特卡马体小而健壮，聪明且耐力非比寻常。人们在维雅特卡省、拜耳母省和卡赞省北部的卡玛河以及奥博瓦河（卡玛河的支流）沿岸饲养它们。这个马种源于本地马与爱沙尼亚的克莱坡马的杂交，它们是在阿列克谢沙皇和彼得大帝时代被转运到这里的；后来，芬兰马的血缘也混进来了。

维雅特卡马平均体高 1.42 米，形态健壮而匀称；它们的四肢强壮，蹄子硬实；外观美，天性温和顺从；步履迅捷。（见插图 XVII）

生长在奥博瓦河沿岸的维雅特卡马以奥伯温卡马的名字著称，而卡赞省的维雅特卡马则被称作卡赞卡马。所有这些马中最好的是奥伯温卡马，它们个头更高。相反，卡赞卡马个头更小：体高 1.25 米到 1.35 米。除了上面提到的省份外，在锡姆比尔斯克、萨马拉和潘扎邻近省份的交易会上都可以买到维雅特卡马。

美珍马

加里基诺亲王于 1714 年被流放到阿尔汉格尔省的比内伽城，他的种马

彩色插图 XVII：维雅特卡（Viatka），8 岁，体高 1.45 米，维雅特卡马种阉马。

场随之从莫斯科郊区转移到该城。居住于比内伽河和美珍河沿岸的农民利用了这个种马场的公种马，于是在此地形成了一种本地马的改良马种，以美珍马的名字著称。然而，一些马学专家认为这个马种主要是与依据女皇叶卡捷琳娜二世的指令，于1768年派送到阿尔汉格尔省的丹麦公种马交配的产物。

美珍马中等体高（约1.30米），以体质健壮、步履优美出众；它们的外观像芬兰马，或维雅特卡马。但是，这个品种的马放任自流，经常混迹于农民的普通马群里，致使它们的体形逐渐变小，以至于丧失了原种的全部特征。在圣彼得堡，尤其在冬季，有大批马从阿尔汉格尔省过来，但是，在它们当中，几乎找不到原种那种类型的马。

爱沙尼亚克莱坡马

在爱沙尼亚和利沃尼亚的爱沙尼亚地区，人们在达格岛和额赛尔岛上饲养克莱坡马。这个优秀马种的来源不大清楚，但是，人们猜想，它是由本地马与东方马种，主要是同阿拉伯公种马杂交形成的。这些阿拉伯公种马在十字军东征期间由德国骑士带到德国，后来由德国散布到波罗的海诸省（前利沃尼亚）。

至今，东方马种的血缘影响，实际体现在克莱坡马头部优美的形态和精悍的四肢上。其头部通常很美丽，小而精悍，额头宽，眼有神；颈部厚实，紧身下垂，被足够长而高挺的凹形项背隔开；胸宽，背短，几乎呈垂直状；腰健壮，臀宽大，略有下垂，尾部厚实，贴身不太高也不太低；四肢精悍，肌肉和筋腱明显突出；脚趾短，蹄坚硬。皮肤细腻，毛相当短，冬季浓密，夏季短而光泽。毛色多样，但最常见的是浅色，如浅栗色、栗色、枣红色等。

根据体高状况，人们将其区分为克莱坡马和道拜耳-克莱坡马，也就是普通克莱坡马和双尻克莱坡马。双尻克莱坡马更高，体高大约为 1.50 米，或更高，而普通克莱坡马通常体高是 1.33 米到 1.38 米，并且不超过 1.42 米。在俄罗斯，体形非常小的克莱坡马叫爱沙尼亚矮马。克莱坡马以秉性良好、聪明、善于抵御各种气候而且耐力极强著称。它们步履潇洒优美；其中有不少成为真正的快步马。最近几年，真正的克莱坡马数量大大地减少了，一方面是因为有大量的马匹出口，另一方面，是因为波罗的海诸省的农民穷困化，以及马匹与邻近低劣品种的马进行杂交的后果。现在，在俄赛尔岛和珀尔诺城附近的塔尔盖尔种马场可以见到最优秀的克莱坡马。在密特瓦、里加、达尔帕特以及波罗的海诸省其他城市的交易会上有克莱坡马出售。（见图 24 和插图 XVIII）

图 24：爱沙尼亚克莱坡马（Klepper esthonien），专为本书拍摄。

彩色插图 XVIII：伊克斯（Ixe），6 岁，体高 1.47 米，爱沙尼亚克莱坡马。属于鲍里斯・弗拉迪米洛维奇大公殿下。

芬兰马

俄罗斯称这个马种为 finkas 或 chvedkas，其来源并不比爱沙尼亚克莱坡马的来源更清楚。许多行家，甚至是大部分行家都认为，芬兰马只代表爱沙尼亚克莱坡马的一个变种。相反，另一些人认为爱沙尼亚克莱坡马与芬兰马之间毫无共同之处，并且认为芬兰马是从瑞典传入芬兰的马的后裔。根据我们的看法，芬兰马与爱沙尼亚克莱坡马之间的相像性，至少与克莱坡马和维雅特卡马之间的相像性同样明显，它们之间的血缘关系是毫无疑问的。为了

图 25：芬兰马（Cheval finois），L. 西蒙诺夫博士拍摄。

彩色插图 XIX：索米（Suomi），13 岁，体高 1.61 米，芬兰种母马，用于俄罗斯皇后陛下芬兰套车马。

证实这一点，只要比较一下图 24 和 25，以及插图 XVII、XVIII 和 XIX 便一目了然了。因此，我们认为芬兰马与克莱坡马之间的亲缘关系是非常有可能的，不过，并不排除它们的祖先有瑞典来源的可能性。像克莱坡马和维雅特卡马一样，芬兰马个头不大：体高 1.42 米到 1.53 米。它们体格健壮而肌肉发达；头部相当大，轻微呈钩形；颈部短，厚实，长势低，很容易养肥；胸深，但没有克莱坡马宽大；背部很直，臀部宽，轻微下垂；顶毛和鬃毛茂密且长。四肢健壮，但有时稍嫌太长；前肢有时分离不够（换言之，站立姿势过紧）。四蹄大小中型，且很结实；丛毛通常长而密。皮毛粗而长，冬季尤其如此。毛色最常见的是栗色、浅枣红色或浅栗色，沿背部有一条骡子背线。它们的步履稳健；快步时经常疾速，但通常步距短（不宽）。

所有芬兰马中，最受推崇的是卡雷里马，特别是它的体高经常超过 1.55 米；库奥皮奥马和塔瓦斯古兹马也很好。（见图 25 和插图 XIX）

每年，有许多芬兰马被带到圣彼得堡省，尤其是圣彼得堡城本身；在普斯科夫省，比如伯朝里的交易会上，也能经常看到芬兰马。在芬兰，最著名的会是维堡、库奥皮奥和圣米歇尔的交易会。

吉姆德马

这个特别而实用的马种早年存在于俄罗斯西北部各省，依照传统，这里的马由本地马与爱沙尼亚克莱坡马杂交形成。但是，很早以前，这个马种已经开始逐步地消失，现在仅在罗西埃尼、克沃诺、查沃里以及克沃诺省的泰尔西乡镇可以看到它们。一般说来，吉姆德马较美观，它们的躯体矮胖、健壮，四肢相对短而粗，但精悍有力；四蹄形体好，结实有力；头部小，前部轮廓笔直，腮多肉，眼突出，耳朵短而极为灵活；脖颈厚实，但高挺，公种

彩色插图 XX：智美依（Zmey），12 岁，体高 1.45 米，吉姆德公种马。维尔纳配种马站种马。

马尤其如此。胸宽，足以使两侧呈圆形，背直，臀部隆起；尾部多毛，高挺，鬃毛和顶毛长而厚实。冬季皮毛比夏季里更长。毛色多样，如栗色、枣红色、枣红-棕色、浅灰色等。体高 1.33 米到 1.51 米。这些马健壮有力，耐力强，性格温顺。

吉姆德马的优秀秉性仅在近期才开始受到赏识。为了改良这个马种，奥甘斯基王族精选种马，进行了系列试验，并非常顺利地在相应很短的时间里取得了很好的成果。由此，吉姆德马获得了更为健壮有力的身体，外观更美丽，不仅适宜于乡村的需要，也适宜于城里对挽马的需要。（见插图 XX）

在前文提到的克沃诺省乡镇的交易会和市场上，可以购到吉姆德马。马市最繁荣的交易会要属亚尼斯基（查沃里乡镇）、罗西埃尼（城）、世库迪、匹克里和席勒里的交易会（后三个交易会都在罗西埃尼乡镇）。

农用马

我们刚刚描述过的六种乡村马中大部分也属于农用马，因为它们主要是由农民饲养和使用的。但是，那些马拥有的特征使它们相互有别，而且有别于其他马，足以让我们将其列为具有某种类型特征的马种。至于我们统称为**农用马**的这些马，是品种最多样的马的混合，它们之间的共同之处仅在于它们由农民饲养，以及它们是农民的财产这一事实。

在 1900 万乡村马之中，只有不超过 100 万，甚至很可能更少的马属于前文提到过的六个马种。余下的，也就是差不多 1800 万俄罗斯欧洲部分的马都属于我们称为农用马的这个杂乱混合体。但是，这些马中大多数除了是由农民饲养的，还保留着或远或近的草原马种源的某种共性。自远古以来，在俄罗斯，这种从草原马到乡村马的转变连续不断地进行着，而且总是从东

图 26：诺沃高罗德省（Novgorod）农用马照片。

方，也就是从西伯利亚得到滋养。在通常年代，此种情况逐步地发生，但是，在动物发生流行病，或是发生了造成成千上万家畜死亡的严重饥馑之后，大批草原马在同一时间到达俄罗斯乡村，而且没有过渡期，立即变成了驾车和驾犁的牲畜。例如，在上次 1891 年的灾荒之后，俄罗斯政府不得不为农民买进数十万头吉尔吉斯马。

因此，农用马同草原马有许多共同点。它们像草原马一样，体小却以耐恶劣气候、耐饥饿、耐劳而出类拔萃。它们的生活方式与它们在草原上的同类相差无几。只要牧场上有残存的野草，它们中的大多数就专门以鲜草为食。但是，因为农民的牧场远少于从前，而且牧场数量远低于游牧民族的牧场，夏季里马的饲料远不如草原马的饲料丰富，质量也大大不如草原马的饲料。诚然，农用马冬季不必在雪下面找草料；然而，它们冬天的饲料往往是干草，而且常常是已经腐烂的干草。一般说来，农用马自小习惯于忍受饥饿、严寒

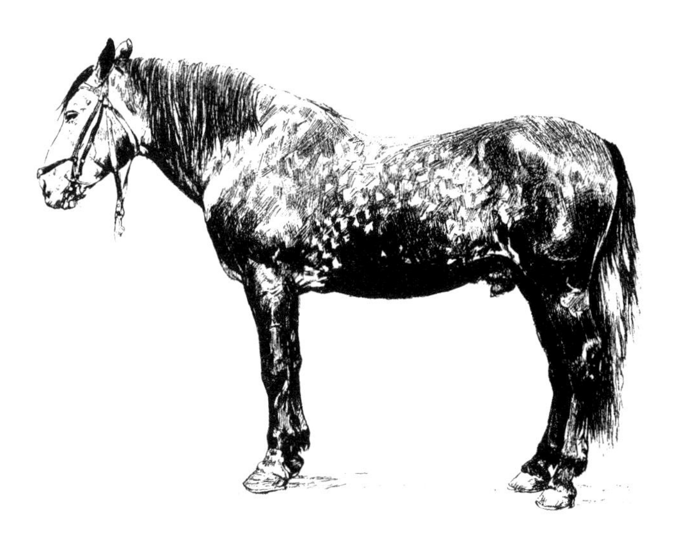

图 27：罗姆维克（Lomovik），俄罗斯中原改良种农用马。L. 西蒙诺夫博士拍摄。

图 28：塔姆博省（Tambow）农用马。

图 29：保尔塔瓦省（Poltave）农用马，专为本书拍摄。

图 30：瓦尔西尼亚（Volhynie）农用马，L. 西蒙诺夫博士拍摄。

和各种苦难。当农民变得更富裕时，他的马也会同时漂亮起来；在更好的饲料和更多的关注影响下，它们长肥、长大、长高。另外，如果农民为了繁殖而选择利用配种站或私人与皇家种马场里更高大的公种马，就会产生改良马种，我们称之为**劳冒维克马**。

图 31：俄罗斯波兰农用马照片。

图 26 所示为诺沃高罗德省的普通农用马，图 27 所示为改良后的农用马——罗姆维克马，图 28 为塔姆博省改良后的农用马，图 29 为保尔塔瓦省小鲁斯安农用马，图 30 为瓦尔西尼亚省马，图 31 为俄罗斯波兰农用马。

农用马尽管形态各异，但也许正因为这种多样性提供了重要元素，通过饲料、养护和巧妙的选择的影响，人们可以获得适用于各种用途的马种。比图格马和前面描述的所有乡村马，都有一种类似的起源：它们都源于普通农用马与改良马种的杂交。农用马，即便数量众多，也绝不可忽视。国家种马场管理局特别重视通过现在在俄罗斯欧洲部分各地建立起来的配种站的公种马来改良农用马。

第六章　种马场的马

历史概念

拥有丰富草原的俄罗斯总是具有巨大的养马优势。自远古以来，俄罗斯人的祖先甚至还在被称为**斯泰基人***的时代，就在忙于养马。但是，当时的饲养条件可能是完全原始的，就像目前西伯利亚游牧民族吉尔吉斯人所做的那样。当斯拉夫人从游牧生活过渡到定居生活，特别是在瓦里雅各人到达俄罗斯后，养马的方式为了适应新的生活方式而发生了变化；饲养方式变得同现在饲养我们前面所列的第三类马的方式一样，也就是说，向种马场规律的饲养过渡。但是，直到莫斯科公国建立后，才出现常规饲养的种马场的初步标志。历史上提到的俄罗斯第一个种马场，是在15世纪末约翰三世统治时期，于莫斯科郊区建立的克浩劳池（Khorochew）种马场。

这个种马场属于皇家，但是，非常有可能多个私家种马场于同一时期在特权贵族和修道院的财产区里建立起来。在约翰三世的继任者统治时期，常规养马有了迅速发展；在约翰·勒·泰利波尔及其子狄奥多尔时代，已经存在Koniioouchénnii slobodi的说法，亦即专门用于养马的村庄。在喜欢玩马的阿列克谢沙皇统治下，仅仅朝廷的马厩里就有大约五万头马。但是，直到

* Scythes，公元前12—前2世纪，生活在顿河和多瑙河流域的游牧民族。——译注

彼得大帝时期，也就是说，直到18世纪初，俄罗斯养马的目的，仅限于供应朝廷和军队，主要用作乘用马。种马场通常蓄养向鞑靼人购买或劫掠的马，因此都是东方血缘的马种。在这一整个时期，只有两次为种马场购进西欧马的情况：瑞典摄政王斯坦-斯杜尔献给约翰三世一匹公种马，以及菲道尔伊万诺维奇执政时期奥地利皇帝送来六匹公种马，而这六匹公种马也是东方血缘。

诚然，彼得大帝的父亲阿列克谢沙皇关注改良农用马，并向维雅特卡和拜耳母省派送了爱沙尼亚克莱坡马。但是，仅仅是在彼得大帝登基后，俄罗斯的养马业在总体改良俄罗斯马的方向上才有了重大举措。彼得大帝首先继承了他父亲开启的事业，也就是说，向前文提到的三个北方省份派送爱沙尼亚克莱坡马，正是在他在位期间，维雅特卡马最终形成。后来，他在荷兰购得体格高大的荷兰公种马，并将它们转运至弗洛奈热省比图格河沿岸。这些公种马与本地母马杂交产生了优秀的重型畜力马种——比图格马。另外，彼得大帝建立了四个皇家种马场，分别位于卡赞、亚述和基辅省以及阿斯特拉罕城；在阿斯特拉罕城，人们用波斯公种马与高加索北部母马进行杂交。但是，彼得大帝的主要功绩不在于他本身最终获得的成果，更在于他善于给我们的养马业指明方向，而他的继任者采取了这个方向。

在彼得大帝之后，安娜·伊娃诺夫娜皇后在18世纪里为俄罗斯的养马业做出了最多贡献。1739年，她建立了十个皇家种马场，分别在布洛尼兹、克浩劳池、加富力劳弗、达尼劳夫、西岛劳夫、弗兹高德尼奇、斯科平、帕府西诺、包高劳帝兹克和谢克瘦夫等地。1740年1月1日，所有这些种马场里共有4414头马，其中3000头马部分属于本地马种，另一部分属于高加索马种。其余的马分布情况如下：668头德国马，333头那不勒斯马，70头英国马，46头波斯马，45头豪尔斯坦因马，44头西班牙马，38头弗里斯马，21头土耳其马，18头丹麦马，11头阿拉伯马，5头柏布马和3头伦巴第马。从这份清单中可以看出，在安娜·伊娃诺夫娜在位期间，俄罗斯种马场吸收了此前从未引进到俄罗斯的众多西方类型马种，主要目的是通过与大个头的外国种马杂交，提高俄罗斯马的身高。安娜·伊娃诺夫娜也在爱沙尼亚、利沃尼亚、俄赛尔岛建立了种马场以及骑兵团种马场。

叶卡捷琳娜二世在位期间，爱沙尼亚、利沃尼亚和俄赛尔岛的种马场被取消了，但是，养马业通常受到极大的鼓励。当时拨了百万卢布的专款用于维持皇家种马场，而私人养马业尤其受到支持鼓励，其结果是，将近18世纪末（叶卡捷琳娜二世死于1796年），私人种马场数量达到了250个，其中最杰出的种马场肯定是著名的奥尔洛夫-蔡斯梦斯基伯爵的种马场，这个种马场在俄罗斯养马业中有划时代意义（见后文提到的克勒诺沃耶种马场）。

同拿破仑的多次战争给俄罗斯种马场造成了重大损失；为数众多的种马场的马被选去补充骑兵团军马，其中包括许多高贵的公种马，养马业因此受到重大的损失。1819年，亚历山大一世皇帝把皇家种马场划分成朝廷种马场和军事种马场。属于朝廷种马场的有：奥拉尼昂博姆、克浩劳池、布洛尼兹、加富力劳弗、亚历山德罗夫；属于军事种马场的有：斯科平、包特辛集、戴尔库尔、斯特雷蕾斯克、利马莱沃和阿莱克塞沃（后来被称作新亚历山德罗夫）。军事种马场以固定价格向骑兵团提供军马。

尼古拉一世皇帝将全部种马场转变为国家种马场，而且彻底取消了斯科平种马场。在亚历山大二世统治下，包特辛集种马场被取消，在波兰的亚诺沃种马场被合并到国家种马场；建立于同一时期的奥伦堡省的巴什基尔种马场后来被转变为配种站。

当前的种马场

现在有六个国家种马场，分别位于克勒诺沃耶、新亚历山德罗夫、斯特

雷蕾斯克、利马莱沃、戴尔库尔和亚诺沃。

克勒诺沃耶种马场坐落在弗洛奈热省包布罗镇的同名村庄里。这正是著名的奥尔洛夫–蔡斯梦斯基伯爵的种马场，由政府从其继承人手中购得。该种马场最初在莫斯科郊区的奥斯特罗沃村，伯爵将他在东方获得的阿拉伯马带到了此地。其中有两匹著名的公种马：斯麦唐卡和萨尔坦，它们成了快步马和奥尔洛夫品种坐骑马的始祖。1778 年，伯爵把种马场从奥斯特罗沃村转移到克勒诺沃耶，1845 年，俄罗斯政府从伯爵的继承人，也就是他的女儿手中，以 800 万卢布的价格购得。与此同时，政府收购罗斯顿伯希诺伯爵的坐骑马种马场，并将马匹转移至克勒诺沃耶种马场。

当前，在克勒诺沃耶种马场有三类马：快步马、比图格马和外国马种的重畜力马。

新亚历山德罗夫种马场位于哈尔科夫省斯塔拜耳斯克镇，生产半混血坐骑马。

斯特雷蕾斯克种马场也位于哈尔科夫省斯塔拜耳斯克镇，生产阿拉伯纯血马和其他东方马种，以及半混血坐骑马。

利马莱沃种马场位于同省同镇，生产半混血坐骑马。

戴尔库尔种马场位于相同地点，生产英国纯血马和通过与纯血马杂交改良的草原马。

亚诺沃种马场位于（波兰王国）塞得勒滋省康斯坦第沃镇，生产半混血坐骑马。

1892 年，在这六个种马场里有 920 头种母马，分布如下：280 头在克勒诺沃耶种马场，584 头在新亚历山德罗夫种马场、斯特雷蕾斯克种马场、利马莱沃种马场和戴尔库尔种马场，以及 56 头在亚诺沃种马场。

除了国家种马场，还有一个顿河军队种马场（生产通过顿河马同东方马种杂交改良的坐骑马）和为数众多的私人种马场。1882 年，私人种马场数量高达 3964 个；它们拥有 101,837 头母马和 11,078 头公种马。私人种马场数量最多的地方在顿河地区，在这里，1882 年有 866 个私人种马场，拥有 40,654 头母马和 3148 头公种马。在顿河地区之后，1882 年下列省份以种马场数量之多著称：凯尔松省拥有 6965 头母马，塔姆博省拥有 5558 头母马，弗洛奈热省拥有 5225 头母马，道里德省拥有 4032 头母马，保尔塔瓦省拥有 3493 头母马，加特利诺斯拉省拥有 3345 头母马，库尔斯克省拥有 2784 头母马，包道里省拥有 2604 头母马，杜拉省拥有 2398 头母马，萨马拉省拥有 2232 头母马。

种马场用来繁殖某个品种的马。为了普遍改良俄罗斯马，种马场总局在俄罗斯许多地方创建了**配种站**或**种公马库**。每个人都可以利用这些资源，每次交配支付 1 到 10 卢布的微薄费用，由种公马的质量而定。1892 年，有 27 个配种站或种公马库，共有 2300 头种公马，分布在维尔纳、亚诺沃、卡姆耐刺-包道勒斯克、基辅、艾丽萨维特格拉德、斯坦道尔夫（在加特利诺斯拉省斯拉维亚诺赛波斯克镇）、保尔塔瓦、哈尔科夫、克勒诺沃耶、塔姆博、萨拉托、包特辛集、雅洛斯劳、莫斯科、斯摩棱斯克、特维尔、利亚散、库尔斯克、乌法、维雅特卡、贾府里劳沃（在乌拉第米尔省苏兹达尔镇）、顿河地区萨尔斯克镇、伊斯塔伊-乌特库尔（在图尔嘉义地区伊艾次克镇）、库斯塔内（在同一地区的尼古拉耶镇）、奥伦堡、麻伊考坡和艾莉萨维特保尔（最后的两个省在高加索）。国家种马场场长沃隆佐-达史克伯爵理解配种站对于改良俄罗斯马的重要意义，因此尽了很大的努力增加配种站的数量，并提供有用的种公马。在供应配种站的各个地方，对于马种的改良已经取得了明显的效果。

俄罗斯种马场饲养的纯马种

正如我们所看到的，国家种马场里饲养着快步马（克勒诺沃耶种马场）、半混血坐骑马（新亚历山德罗夫、利马莱沃、亚诺沃和斯特雷蕾斯克种马场）、纯血英国马（戴尔库尔种马场）、纯血阿拉伯马（斯特雷蕾斯克种马场）和重畜力马（克勒诺沃耶种马场）。

在俄罗斯私人种马场，人们饲养各种国内和国外多少有些名气的马种，但主要还是快步马，因为它们是俄罗斯人偏爱的马种，很容易卖出去，而且经常有在赛马比赛中获奖的机会。快步马在私人种马场的总产量中占40%。相反，私人种马场饲养的坐骑马数量相对较少，因为坐骑马市场需求少，出售变得困难。种马场主人一直忽视重畜力马的生产，只是在不久以前才开始关注此问题。因此，毫不奇怪，种马场生产的这类马的数量绝不多，根本不适应市场需要。作为辩词，人们可以声称：至今尚不十分清楚何种类型的重畜力马最适合俄罗斯。

所有这些克莱戴斯戴尔马、萨福克马、佩尔什马等在赛马比赛中都表现不俗，但是很少能卖出去，因为它们价格昂贵，吃得很多，尤其是不能承担理应去执行的任务。我们的种马场主人过于重视某些外国马种抢眼的外表，因此忘记了真正有利于俄罗斯，而且是经过考验的马种，亦即俄罗斯比图格马。幸亏，俄罗斯国家种马场总局没有犯同样的错误，就在最近，还根据沃隆佐-达史克伯爵指令采取了一些措施，以期比图格马种不会消失。

一般说来，快步马和挽力马主要的出售地点包括：萨拉托省百口沃和巴朗达村的交易会、妮基德威次柯、弗洛奈热省的包布牢、奥莱克浩沃村、塔姆博、杜拉省的埃弗雷莫、奥雷尔省的艾尔兹和利沃尼、库尔斯克省的米哈伊劳沃村、里亚散省的里亚散和亚基麦茨村。

马贩子从上述各地买到的马又转卖到俄罗斯其他交易会和各省首府，部分出口到国外，如柏林、丹兹格、维也纳和罗马尼亚。

种马场的坐骑马用于补充骑兵的军马机构，主要在保尔塔瓦省、凯尔松省的沃姿奈森科和艾丽萨维特格拉德、基辅省的拜耳帝栽沃和拜牢伊-采耳廓、包道里省巴尔塔和雅尔茂林兹、沃里尼亚的库尔奇尼、比萨拉比亚的贝尔兹等地的交易会上出售。一部分坐骑马出口到罗马尼亚和奥地利。

快步马

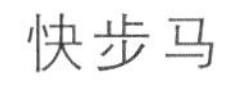

我们的快步马主要产自俄罗斯，其种源多亏了奥尔洛夫-蔡斯梦斯基伯爵的关照。伯爵从东方为其种马场引进的马中有一匹阿拉伯公种马，以品质高贵和耀眼闪光的白色皮毛出众。它体高 1.53 米，人们给它取名**斯麦唐卡**（Smetanka）。它只在种马场待了一年时间，但是在去世前留下了后代，其中包括 4 匹种公马和 1 匹种母马。4 匹种公马是法尔凯撒木、留彼麦茨、包夫卡和保尔干，前 3 匹马源于英国种母马，而保尔干源于浅栗色皮毛的丹麦种母马。留彼麦茨没有留下任何后代；包夫卡被卖到了英国；法尔凯撒木生下 59 头种母马和 7 头种公马，保尔干生下 21 头种母马和 7 头种公马。法尔凯撒木的后裔美丽健壮，但是，它们之中没有一匹具备伯爵所期望的品质。相反，保尔干的 7 个儿子中有一个完全符合伯爵的所有要求，那就是**巴尔斯I**，一匹灰白色斑点的种公马，由荷兰种母马所出。可以说，在它身上非常和谐地融合了三类马种的突出品质：阿拉伯马种精悍的形态和高贵与美丽，以及热情刚毅的气质；丹麦马种的健壮高大，长而宽大的骨骼；荷兰马种灵活柔润的关节。

巴尔斯 I 是俄罗斯快步马的祖先。它在种马场待了 17 年，去世前留下 11 头公种马，其中，若干公种马是英国种母马所生，4 头公种马没有后代。后来，同英国血种杂交多次，不仅在母系方面，在父系方面也进行了杂交。人们也不时地通过同荷兰和东方马种杂交更新荷兰和东方马种。然而，毫无疑问的是：所有纯血快步马都是巴尔斯 I 的直系后代，而且，由奥尔洛夫伯爵创建的这个类型已经形成恒定标志，即使现在，也就是巴尔斯 I 诞生 100 多年后，还很容易在我们的大部分快步马身上辨认出来。甚至可以说，这个品种的马中最佳的代表完全保留了巴尔斯 I 的特质。在属于国家的克勒诺沃耶种马场里，现有的快步马品种是巴尔斯 I 的三个儿子的直系后裔，此三子最像其父：留比兹尼 I（Lioubezny I）、勒百得 I（Lebed I）和道布利 I（Dobry I）。

图 32：比斯特罗莱特（Bistrolete），奥赫莱维种快步公种马，20 岁，体高 1.56 米，黑色。根据斯维尔特资考夫先生的雕版画绘制。

这个品种的马具有以下特征：体高从 1.55 米到 1.70 米；具有阿拉伯马美丽的头部，不过，有时靠近鼻子方向呈钩形；眼睛富于表情；颈部呈弯弧形而紧凑；肩足够倾斜，胸宽而大，背直且长，腰健壮，臀部很圆且通常有些下垂，尾巴贴身漂亮；四肢健壮，肌肉筋腱清晰可见；前臂和腿长，马腿球节与蹄之间部分相应短；脚上丛毛软且长；蹄子中等大小，坚硬而结实。但是，尤其出类拔萃的是它的动作。其动作自由而开阔；奔跑中，前蹄高举，有力地弯曲，几乎触到身躯——马的后蹄越是超过前蹄的足迹，跑步就越快，快步马的品性就越好。有时，四肢的动作迅速，肉眼几乎难以看清。但是，一匹优秀的快步马不单速度出众，也以其动作的美丽、纯正、得体、规律而出众。正如马的爱好者们所说："它必须能够驮一满杯水而不洒出一滴。"皮毛最常见的颜色是灰白斑点（巴尔斯 I 的父母和它自己都是灰白斑点）和黑色，经常是枣红色，很少有浅栗色。

图 32 所示为一匹黑色公种马，克勒诺沃耶种马场的**比斯特罗莱特**，与巴尔斯 I 之子道布利 I 是第四亲等的血亲，又是 1867 年在巴黎交易会上脱颖而出的著名的**贝都安**之祖父。

图 33：塔姆博省沃隆佐-达史克伯爵种马场的种母马和马驹群在饮水处。

图 34 所示为枣红色的公种马**塔勃尔**，它是塔利斯满和 5 岁的柳布奇卡婚配所生，这两匹马都属于瓦斯戴尔先生的 I.V. 古布里斯基种马场。塔勃尔曾多次在赛马比赛中获得头奖。

插图 XXI 所示为克勒诺沃耶种马场的灰白斑点公种马**贝西姆朗卡**，它是巴拉古尔和利达婚配所生，10 岁，体高 1.60 米。

插图 XXII 所示为 E. 图里诺夫人种马场的灰白斑点公种马**普拉沃迪诺**，**普拉沃迪诺** I 和沃尔齐巴尼查婚配所生，8 岁，体高 1.66 米。插图 I 所绘的套在俄罗斯女皇陛下马车上的，也是这匹公种马。

插图 XXIII 所示为枣红色公种马**包达加**，它是 I.I. 沃隆佐–达史克伯爵种马场的种畜，由扎道尔诺伊和奥利德诺亚交配所生，14 岁，体高 1.60 米。

插图 XXIV 所示为沃隆佐–达史克伯爵种马场的枣红色种母马**阿尔迪阿**，由**包达加**（插图 XXIII）和道布利亚齐卡交配所生，3 岁，体高 1.56 米；1891 年，曾获得圣彼得堡马术比赛金牌。

插图 XXV 所示为沃隆佐–达史克伯爵种马场的黑色公种马**沃尔**，由包达加（插图 XXIII）和沃洛沃卡交配所生，3 岁，体高 1.58 米。

插图 XXVI 所示为沃隆佐–达史克伯爵种马场的灰白斑点公种马**斯科瓦尔**，由维特老克和鲁特西纳交配所生，3 岁，体高 1.64 米，获得 1891 年圣彼得堡马术比赛金牌，曾多次在赛马比赛中获头奖。

插图 XXVII 所示为杜洛斯尔沃夫人种马场的黑色公种马**查劳地**，由高尔道伊–莫劳道伊和楚索沃雅交配所生，3 岁，体高 1.57 米，曾两次在赛马比赛中获得头奖。

公认的快步马必须能够在两分钟内跑完 1 俄里（1067 米）。一流的快步马平均速度是 1 分 43 秒跑完 1 俄里，或 1 分 36 秒半跑完 1 公里。

从 1865 年起，所有纯血快步马和在赛马比赛中证明其速度的非纯血马都要登记在**纯血马记录册**（Stud. Book）上。纯血快步马名字的前头加字母

彩色插图 XXI：贝西姆朗卡（Besimlanka），10 岁，体高 1.60 米。克勒诺沃耶国家种马场的快步公种马（皇家马厩）。

彩色插图 XXII：普拉沃迪诺（Plavdine），8 岁，体高 1.66 米。图里诺夫人种马场的快步公种马（皇家马厩）。

彩色插图 XXIII：包达加（Podaga），14 岁，体高 1.60 米。沃隆佐－达史克伯爵种马场的快步公种马。伯爵种马场种马。

彩色插图 XXIV：阿尔迪阿（Aldia），3 岁，体高 1.56 米。沃隆佐 – 达史克伯爵种马场的快步种母马，包达加（插图 XVIII）之女。

彩色插图 XXV：沃尔（Vor），3 岁，体高 1.58 米。沃隆佐－达史克伯爵种马场的快步公种马。包达加（插图 XXIII）之子。

彩色插图 XXVI：斯科瓦尔（Sckval），3 岁，体高 1.64 米。沃隆佐－达史克伯爵种马场快步公种马。

彩色插图 XXVII：查劳地（Tcharodey），3 岁，体高 1.57 米。杜洛斯尔沃夫人种马场的快步公种马。

Ч.п.（俄语中**纯**与**血种**的首字母），以示有别于其他马。

要被视为纯血马需具备以下条件：

1. 在雄性谱系和雌性谱系中与纯奥尔洛夫血种（巴尔斯I的直接后裔）不超出四代；
2. 其父亲和祖父曾大获成功，其母亲和祖母是纯奥尔洛夫血种；
3. 其母亲和祖母曾大获成功，其父亲和祖父是纯奥尔洛夫血种。

俄罗斯快步马与众不同的体质和精神秉性首先是遗传的结果，但是，这些秉性的发展也很大程度上依赖于饲养和训练。在这方面，了解我们快步马的创建者奥尔洛夫伯爵的实施体系是很有意义的。

从马两岁起，他就开始训练马习惯于鞍辔和小步快跑，与此同时特别注意马动作的得体和美感。后来，他不仅尽力使马跑出最大的速度，而且注意培养马的耐力。为达到此目的，他对马进行了两类训练。为了训练马的速度，他让马进行200萨日诺（427米）的短距离赛跑。在马以最大的速度跑完这个距离之后，让马回到步行，而后重新开始以同样方式赛跑，以此往复，直

图34: 塔勃尔(Tabor)，快步公种马，属于古布里斯基(Koublistsky)种马场的K.L.瓦斯戴尔。4岁，体高1.60米，黑色; 曾多次获得赛马奖。K.L.瓦斯戴尔先生寄送照片。

到完成四次。总之，一次快跑 800 萨日诺（1708 米）；每次快跑的时间根据秒表十分准确地记下秒数。这些训练每天都要进行，夏季驾四轮敞篷马车，冬季驾轻型雪橇。（见图 34 和插图 XXV）

为了考验马的耐力并使之习惯，人们不时地让马跑上 15 到 20 俄里（16 到 21 公里）的路程，始终是快步小跑和慢步交替进行。

人们仅在成功通过这两种考验的马中选择种畜。

奥尔洛夫伯爵传授的短距离训练体系至今被相当忠实地保留下来，至于长距离的训练，现在使用得很少，甚至可以说几乎从不使用。很可能就是因为这一点：当今的快步马远不如奥尔洛夫时代那样有耐力。

现在，人们饲养和储备快步马主要是为了在赛马比赛中获奖，对马的要求不在于体格的健壮有力，而在于形态的轻捷，不在于长距离的耐力，而在于短距离的迅捷。总之，我们的快步马所经历的事情，就像仅为了获奖而培养的英国赛马一样。

这种训练和饲养体系的变化不能不影响到我们现代快步马的形态：它们中许多马的外观不再那么美丽，体质不再那么壮实和协调，身体变长、变瘦了，四肢变得太长，并且，一般说来，形成了一种整体形象，往往更容易使人想到赛跑的马，而不是原来那种类型的快步马。对我们而言，这主要是在繁殖中滥用纯血英国马的后果。不过还是希望，在我们国家，能像英国一样，在这方面引起一种健康的反应，而种马场主人也迟早会回到奥尔洛夫伯爵指明的饲养原则。

种马场的坐骑马

奥尔洛夫–蔡斯梦斯基伯爵还创建了一种非常漂亮的坐骑马，这个马种

图 35：阿什诺克（Achnok），奥尔洛夫乘用型种马。
原图为斯维奇考夫先生制作的版画。

也以他的名字命名。

在伯爵从东方引进的马匹中，正如我们前面说过的，有两头阿拉伯公种马表现出众，它们是白色的**斯美唐卡**和浅栗色的**萨尔坦** I…… 斯美唐卡变成了快步马品种的祖先，萨尔坦 I 则是坐骑马品种的来源。萨尔坦 I 和一头阿拉伯种母马交配诞生了**萨尔坦** II，这是一头枣红色公种马，它是著名的**斯维雷泡伊德** II 的父亲。在赛马的日子里，伯爵就是骑在斯维雷泡伊德 II 的背上，在莫斯科漫步。斯维雷泡伊德 II 和一头英国-阿拉伯种母马交配诞生了**阿什诺克**。阿什诺克的儿子，也就是金枣红色的**雅士麻** I，生于 1816 年，在创建坐骑马品种中起到的作用，就像巴尔斯 I 在创建快步马品种中起到的作用一样；它是克勒诺沃耶种马场多年的主要种畜，去世后留下的许多代马种都保持着奥尔洛夫坐骑马的特征。这个品种主要是通过纯阿拉伯血统的马与纯英国血统的马杂交形成的；但是，它身上也有奥尔洛夫快步马的血统（因此也有一定数量的丹麦马和荷兰马血统）和小俄罗斯本地马的血统。

奥尔洛夫品种的坐骑马平均体高约为 1.60 米，外观非常漂亮。根据行家观点，它们代表驯马场用马的优秀类型。它们拥有阿拉伯马优美的马头，小耳朵，亮眼睛；胸部宽阔，背直，腰健壮，臀部发达，尾巴高扬美丽，大腿粗壮；四肢精悍，肌肉发达；脚趾优美，四蹄硬而结实；动作优美高雅，性格温和，但充满热情。图 35 所示为雅士麻 I 之父阿什诺克。

另一个著名的坐骑马种马场是由罗斯顿伯希诺伯爵于 1802 年创建的，也就是说，在奥尔洛夫-蔡斯梦斯基伯爵的种马场建立后不久。最初，罗斯顿伯希诺伯爵的种马场也坐落在莫斯科郊外的沃罗诺沃村，不久后转移到奥雷尔省，于 1815 年又转移到弗洛奈热省阿南考沃村。罗斯顿伯希诺坐骑马

图 36：弗奈拉（Fenella），罗斯顿伯希诺乘用型种母马。
原图为斯维奇考夫先生制作的版画。

品种是在阿拉伯半岛麦克郊区购得的4头阿拉伯公种马加迪、德拉古特、凯伊马克和里夏诺，与由内行选定的纯血英国种母马交配所生的。

后来，在种马场也使用了波斯、土耳其和英国的公种马（英国马中就有著名的皮克公种马）。罗斯顿伯希诺品种马也以高雅的形态和优美的动作著称。但是，它们的个头小于奥尔洛夫品种马，体高很少达到1.56米；绝大部分不超过1.48米到1.51米。图36所示为罗斯顿伯希诺品种的坐骑马。

正如前文所述，奥尔洛夫伯爵的克勒诺沃耶种马场和罗斯顿伯希诺伯爵的种马场于1845年卖给了政府，罗斯顿伯希诺伯爵种马场的马转移到克勒诺沃耶种马场。此后，罗斯顿伯希诺品种同奥尔洛夫品种杂交，而且持续减少，可以说，融合到了奥尔洛夫品种中。

图37：朗迪士（Landiche），I. 奥弗罗西莫夫种马场乘用型公种马，半混血，7岁，体高1.58米，栗色。摄于圣彼得堡赛马比赛。

当克勒诺沃耶种马场的坐骑马这个部分被取消以后，这类马被转移到了利马莱沃种马场。但是，人们不再需要奥尔洛夫纯血马，因为有了其他理想类型，现在，人们很少见到典型的这一品种的马了。

由此可见，在俄罗斯，英国–阿拉伯马种的创建已经有大约一个世纪的历史了。现在法国人特别提倡的方法，是通过与英国和阿拉伯纯种马交替杂交，或同阿拉伯马简单杂交来培养坐骑马，这种方法在我们国家并不新鲜，因为从奥尔洛夫时代直到现在，我们都成功地遵循着这个方法。图 35 和 36 所示为英国–阿拉伯马种：阿什诺克和弗奈拉。

为了使现代的坐骑马更有个性，特别是体形更大，我们给英国–阿拉伯血统增加了其他体形更大的品种的马的血统，比如，经常使用的快步马。

插图 XXVIII 所示为新型的半血坐骑马：斯特雷蕾斯克国家种马场的深栗色公种马马尼亚。这匹马是英国纯种马同阿拉伯和土库曼品种杂交的产物。它不如奥尔洛夫坐骑马美观，但是躯体更高（1.64 米），且更符合现代的要求。

图 37 为奥弗罗西莫夫私人种马场的半血统坐骑马的画像。

阿拉伯纯种马和英国纯种马

国家种马场饲养阿拉伯纯种马和英国纯种马主要是为了自身需要，旨在繁殖半血马，或由此改良其他品种。阿拉伯纯种马可见于斯特雷蕾斯克种马场，而英国纯种马则可见于戴尔库尔和亚诺沃种马场。

插图 XXIX 为阿拉伯纯种白色种公马古里柯汗，而插图 XXX 为纯英国血统枣红色公种马米德莱顿。

出于同样目的，也就是说，主要为了繁殖半血马，某些私人种马场也饲养英国纯种马和阿拉伯纯种马。

彩色插图 XXVIII：马尼亚（Magnat），7 岁，体高 1.64 米。斯特雷蕾斯克国家种马场的公种马，半血纯种坐骑马，纯英国血种与东

彩色插图 XXIX：古里柯汗（Koulikhan），17 岁，体高 1.52 米。司马维克国家种马场的阿拉伯公种马（皇家马厩）。

彩色插图 XXX：米德莱顿（Middleton），4 岁，体高 1.62 米。克勒诺沃耶国家种马场的纯英国血统公种马。

插图 II 所示为 I.A. 保劳基伯爵种马场的阿拉伯纯种枣红色种母马阿拉贝拉。

重畜力马

可以说，俄罗斯饲养重畜力马只是处于试验阶段，主要问题尚未最终解决，因为直到现在人们尚不能肯定对俄罗斯最有用途的是何种类型的马。正如我们讲过的，我们曾尝试饲养佩尔什马、萨福克马和克莱戴斯戴尔马，现在，人们正关注比利时的阿尔登马。我们也试验过用这些国外品种同我们的重畜力马比图格马和劳茅威客马杂交。但是，后一种情况获得的结果不是很成功，这不是从产生的个体的外观来看，而是从它们的能力是否符合在俄罗斯从事劳作的要求来衡量。这些混血儿最后也几乎同它们国外的父辈一样昂贵，而且对于我们没有铺石块的马路而言，它们也显得过于沉重。

从这些失败的试验中唯一能得出的合乎逻辑的结论是，必须回到已经过时间证明对我们有极大好处的比图格马，并且必须抓紧时间做这件事，因为这个品种的马将要消失。上文中已经说过，俄罗斯国家种马场总局长沃隆佐-达史克伯爵已经为此采取了措施，人们有理由希望不久能看到好的结果。

在国家种马场中，现在是克勒诺沃耶种马场在饲养重畜力马。在戴尔库尔种马场，不久前也在饲养这类马。

插图 XXXI 所示为戴尔库尔种马场饲养的克莱戴斯戴尔品种的深栗色公种马拉道尔斯；插图 XXXII 所示为同一种马场的灰白斑点佩尔什马佩吉。

但是，1890 年，戴尔库尔种马场所有的重畜力马都转移到了克勒诺沃耶种马场。

私人种马场至今仍不大关心饲养重畜力马，而且在重畜力马之中，几乎专用国外的品种。比图格马的饲养一直主要在弗洛奈热省的农民手中，还有

彩色插图 XXXI：拉道尔斯（Ladhorse），戴尔库尔国家种马场的克莱戴斯戴尔公种马。

彩色插图 XXXII：佩吉（Page），10 岁，体高 1.60 米。戴尔库尔国家种马场的佩尔什公种马。

部分在塔姆博省的农民手里。

图 23 和插图 XVI 所示为比图格马。

插图 XVI 的比图格马特别典型，因为图 23 中的马可能已经有了一定程度的外国血统，以致外表显得更加笨重些，这是比图格纯种马所不应有的。

第三部分

英国马

在谈及大不列颠和西欧其他国家的马种研究之前，我们认为有必要对我们在引言中已经做过的评论再补充一些看法，以便以更加清楚的方式再次证明，在俄罗斯和西欧各国的养马业中存在怎样的区别。

我们所理解的西欧这个名称，是除俄罗斯以外的欧洲所有国家。这些国家加在一起所拥有马的数量不超过1600万或1650万，也就是说，刚刚达到俄罗斯欧洲部分马匹数量的2/3，俄罗斯帝国拥有全世界马的1/3多一点。大约1300万头马差不多均衡地分布在大不列颠、法国、德国和奥匈帝国，因此对于西欧所有其他的国家而言，仅剩下不超过300万或350万头马。

前文中已经说过，现有的马大多源于同一个唯一的根源，特别是源于中亚的野马。但是，在亚洲、非洲和东欧（俄罗斯欧洲部分），自那时形成的不同马种都保持了原始类型——现在被称为东方种的马的主要特征；而在西欧，它们退化成了完全另类的类型——西方种或诺里克种。非常可能的是，这个类型的马种产生于西欧大陆沿海丰美的牧场上，并由此扩散到邻近国家。不久以前，可能就在18世纪，欧洲还存在相当多的诺里克纯种马。现在，诺里克马也许在所有重畜力马之中占统治地位，但只是在平茨高马种中保持了足够的血缘（见图12）。除了这个例外（也许并非绝对的），现在所有的西欧马都是两种类型之间有或多或少变化的混合产物。

广泛实行所谓的“通过杂交改良”的方法，首先是同东方种杂交，而后，特别是在19世纪下半叶里，同英国纯血马——它只是产生变化的东方种而已——进行杂交，其结果是原始种几乎完全消失。除了少有的几个例外，例如英国的设得兰矮马，所有原始马种在西欧不再存在，而后来创建的马种很不稳定，为了保持它们，人们必须尽最大的努力。

现代养马人的目的不是创建或维持马的品种，其目标只是繁殖适应时代要求的有用途的马，而时代要求总是随着文明的迅速进步而不断变化，所产生的马的品性也在不断地变化。

这些以实用为主的特征，使西欧的养马业与俄罗斯目前还占据主体地位的养马业显得截然不同。

在俄罗斯，大自然本身还足以满足生活的紧迫需要，人们还没有因为生存的急需而采取饲养的技巧，直到现在这也只是起到辅助的作用。在西欧则相反，很长时期以来，如果不积极求助于技巧，生活或许已经变得不可能。这种生存条件的差异涉及各个方面，其中包括对马的饲养。

在俄罗斯，仅仅是富有的爱好者和政府在对马进行常规饲养或人工饲养，政府过去一直是，现在也仍是一切实用的改良和革新的主要推手。常规饲养的马的数量不超过几十万头。绝大多数，也就是数千万头俄罗斯马都是在大自然中成长，没有受到任何人工技巧的干预。正是这些马，因其古老和组成群体的个体数量之多，而构成了不同寻常的、非常有特征的、非常稳定的马种。

相反，在西欧，人手的亵渎把一切颠倒过来，使一切都屈服于日常生活的紧急需要。

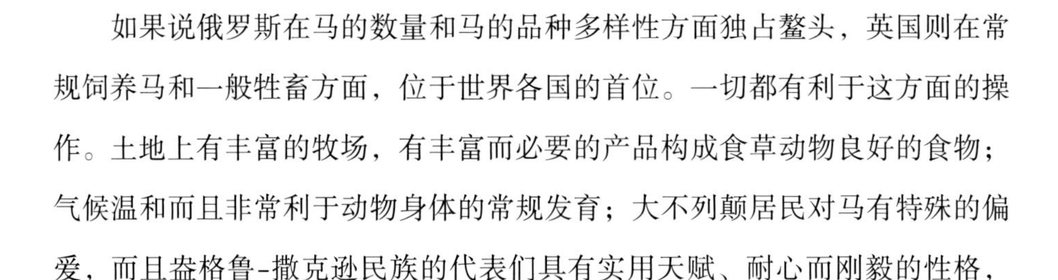

如果说俄罗斯在马的数量和马的品种多样性方面独占鳌头，英国则在常规饲养马和一般牲畜方面，位于世界各国的首位。一切都有利于这方面的操作。土地上有丰富的牧场，有丰富而必要的产品构成食草动物良好的食物；气候温和而且非常利于动物身体的常规发育；大不列颠居民对马有特殊的偏爱，而且盎格鲁-撒克逊民族的代表们具有实用天赋、耐心而刚毅的性格，他们善于弄清要达到的目的，并且会不顾一切阻碍达到目的。

世界上没有任何民族像英国人一样吃同样多的肉，因此，他们成功地创建了专门用作肉食的杜尔哈姆牛，这种牛的躯体庞大，而四肢相对极其短小，以至于养肥了的牛充其量能活动而已。他们的羊、猪，甚至食用家禽，在各个方面都不输给他们的牛。如果说英国人像东方民族一样爱吃马肉，兴许他们也会有这类的马。

但是，他们爱马，不只爱马本身，更爱马的动力，他们竭尽全力发挥马的动力，按他们的意愿使用之。他们创建了赛跑马——其躯体的轻捷、动作的迅速，以及，可以说是精神对肉体的主宰能力等方面，真正构成了杜尔哈姆牛的反面——用于狩猎，用于从事各种各样的活动，用于乘用，同样也用作挽力马轻畜力马或重畜力马，一言以蔽之，针对各种用途，他们都能培养一种专门的马。他们的强势，或许也可以说是他们的弱点，正是他们根据使用的目的过度专门地训练动物。在这方面，他们是他们的美国同仁的反面，因为美国人正好相反，他们追求的是普遍性原则。

第一章　英国马的来源

我们对大不列颠马的早期历史概念，来自于公元前55年儒勒·恺撒出征大不列颠诸岛时期，人们谈到那时的马体小，但健壮、勇敢而敏捷。身躯高大的马很晚才从欧洲大陆的荷兰、德国和诺曼底传入英国。相当多的西班牙马在表演马最辉煌的时代被转运到大不列颠。

当时和现在一样，英国人十分善于利用手中掌握的资源。至少在创建他们的纯血马前一百年，他们已经懂得生产适于生活中各种用途的优良马种。这个时代有报纸专栏作家谈到大体形的马[①]，称其跑步迅捷，非常有耐力；头部虽然经常显得粗糙，但头小而精悍，大眼睛，宽鼻孔，耳朵稍长而尖头，颈部长而直，胸深而宽，背部水平而健壮，臀部呈圆形，四肢强劲，精悍，肌肉发达而突出。

但是，热衷于比赛的英国人激情高涨，不满足于普通速度，他们千方百计地要生产一种速度超强的马。他们所拥有的马种不足以达到此目的。他们诉诸东方。此前，东方马只是偶然地被引进到英国，比如由十字军的骑士们带过来，但是在整个17世纪，也就是创建纯血马的前一个时代，大量源于东方的马不断地涌进英国，人们利用这些马，借以达到期待的目标。

接近17世纪末和18世纪初，由于创建了纯血英国马这种典型的赛跑马，这个目标实现了。此后，纯血马成为了问题中心，不仅英国的养马业，大多数其他国家的养马业也主要围绕此中心做文章。在英国，引进东方马的工作

① 1618年，猎狐马（hunter）平均体高为1.60米到1.64米。

突然停止了，在英国人看来东方马甚至成了某种受到蔑视的对象，尽管这种蔑视可能是不公正的。

大不列颠的马匹数量估计有三百万头或者再少一点，平均100人拥有8.5头马。为便于描述，我们将其划分为4类：1. 纯血马；2. 混血马——几乎都是半血亲关系；3. 重畜力马；4. 原始品种的马。大多数属于第2类。

第二章　英国纯血马

英国纯血马（thoroughbred）不是一下子产生的，它是在17世纪期间逐步形成的。跑马比赛已经成为英国人的狂热爱好，而创建纯血马的男人们却没有固定的目标马种，他们唯一的目的就是获得最适宜赛跑的马，也就是跑得最快的马。如果没有跑马比赛，很可能不会产生纯血马。英国已经拥有非常优秀的马，但是，它们既不够轻捷，也不够迅速。人们引进了土耳其、阿拉伯半岛、波斯和北非的马，试图通过它们相互之间杂交，以及部分地同本地马杂交来达到目的，也就是说，达到作为试金石的跑马比赛所要求的速度。人们为此而努力，将近17世纪末，终于获得了超出一切希望的结果：赛跑马获得了此前未曾有的速度。这些马构成了人们尽力保持和繁育的核心，如果可能，甚至还要在速度方面进一步发展。

在父系方面，纯血马的种源可以清晰地划分出来，一直到东方公种马。至于母系方面，种源则不是很清楚；人们声称，首批纯血马由“皇家种母马”（royal mares）所生，后者是在查理二世统治下，从东方（东方哪个国家，还一直是未知数）带过来的 。但是，在第一代马中，也有种系未知的种母马，毫无疑问，其中不乏混血马。

因此，纯血马没有完全摆脱这个污点（stain），英国人现在把这看作是有损名声的，而且小心翼翼地回避这一点。不过，注入纯血马血管里的普通血缘是微乎其微的，而且纯血马本身后来一直保持在非常纯粹的条件下，事实上，可以认为它是完全高贵的品种，是与其东方祖先同样高贵的品种。

在参与创建纯血马的东方种公马之中有阿拉伯马、土耳其马、柏布马和波斯马。其中尤其值得一提的是，有三匹马留下了光辉的后代。它们是：土耳其马贝尔里（Beyrly Turk）、阿拉伯马达尔里（Darley’s Arbian）和阿拉伯马高道尔蕃（Godolphin Arabian），尤其是后两匹马，大部分著名的赛跑马的种系根源都要追溯到它们那里。

阿拉伯马达尔里不容置疑是出自阿拉伯，阿拉伯马高道尔蕃的根源还没有准确地弄清：它是阿拉伯马或柏布马。关于土耳其马贝尔里，人们只知道它是在1689年土耳其人围困维也纳期间被俘获的。著名的艾克里普斯（Eclipse）诞生于1764年，父系直接源于达尔里，而母系源于高道尔蕃。

纯血马以其种源、体质和精神秉性，毫不含糊地属于东方种；但是，在另一种气候、更丰富的饲料、有事先明确并提前选定的目标指导的繁殖和培育条件的影响下，这个类型的马逐渐发生了变化，获得了英国纯血马不同于其他品种的独有特征。英国纯血马的饲养者的主要目标就是在比赛中获胜，他们尤其竭力培育赛马最为必要的品质：精力和速度。精力，或“血质”很自然地遗传自其东方直系血亲。但是，东方直系血亲的体高、躯体的长度和四肢都不足以产生期望的速度。人们通过巧妙地选择种畜，并加以培育和训练来改变不足。不过，人们在扩大体格时，也十分注意不使肌肉和骨骼过度增长，因为体格的轻捷是提高速度不可缺少的条件。最终，人们创造出一种马，其形态很像猎兔犬：身躯长而窄，居于高而细长的四肢上，颈部长，灵敏而直，头小而轻便。骨骼同阿拉伯马的一样致密而坚硬，但更细小；肌肉和筋骨强壮，但更细长，而不是肥厚。

纯血马的体高从1.58米到1.78米不等，大部分在跑马比赛中表现出众的马体高不超过1.62米，不过，著名的艾克里普斯体高1.68米。经验表明：体格过于高大的马经常患有喘息病；头通常小，精悍而高贵，正面侧影笔直或略有弯曲，少有塌平的；眼大，清澈，突出，相隔远而且几乎总是有一个不长毛的皮环圈（本马种的突出特征之一）；耳朵中等大小，向上靠；鼻孔宽大，灵活，嘴唇薄。但是，一般说来，纯血马的头没有阿拉伯马的头构造均匀统一，甚至在著名的赛跑马中，也有一些头大，粗俗，不甚高雅，有时耳朵还耷拉着。头部到颈部的衔接总体看是好的。颈部长，灵活而笔直；从未见过纯血马有鹿颈（方向颠倒的），也从未见过它有天鹅颈（从鬐甲到颈后呈圆形）。鬐甲长，而且通常高于臀部，不过也有例外，比如说，艾克里

图 38：特里斯坦（Tristan），英国纯血马。J. 戴尔通拍摄。

普斯的鬐甲低于臀部。尽管身躯一般很长，但背部不太长，最常见的状态是水平的，或略有突出。臀部长而下垂，尾巴紧靠下（阿拉伯马尻部水平，尾巴高扬，对于赛马而言，可能是个缺点）。胸部长而深，但不宽大；两肋长而平，两肋最常见为翘起。肩长，通常结构和谐。后驱侧看长而宽，但后看

同前胸一样窄。大腿与上臂、小腿与前臂长，相反，胫骨短，这是迅速跑步马不可缺少的形态构造。节骨长；四蹄小，窄而坚实。

连接股骨头（或关节）与膝弯尖部的线条长度，是英国人评估赛跑马的尤其重要的标准。

一般说来，膝弯和膝盖是英国纯血马最薄弱的地方；它们通常太窄，不足以牢固地连接，并且经常预示着关节疾病。

纯血马皮肤与阿拉伯马皮肤一样精致而透明，透过皮肤厚度可以看到血管和筋腱网络，这是纯血的特征标志之一。毛平滑而有光泽，鬃毛精致而柔软。主要毛色是不同色调的枣红色和栗色，黑色和栗灰白相间的杂色稀少，灰色只是个别存在。

英国纯血马比阿拉伯马更高、更快，但是，它不那么美，形体不那么和谐，性格不那么温柔，而耐力远不如阿拉伯马。它的高贵不仅在于出身，而且在于习性。

插图 XXX 和图 38 所示为两匹未经训练、处于种马场种马状态的英国纯血公种马：米德莱顿（插图 XXX）和特里斯坦（图 38）；前者生于俄罗斯，后者生于英国。图 39 给我们展现了为比赛训练过的纯血公种马。

英国纯血马的总体特征在这三匹马身上清晰可见，但是从细节来看，它们大不一样。图 39 与另两匹马之间的差异，部分是由于第一匹马是经过训练的，而另两匹马未经训练，但是米德莱顿和特里斯坦之间的差异也很大。

总之，如果说这类马身上突出的特征是英国纯血马共有的，具体表现在同一品种的不同个体身上，则非常多样，远比在阿拉伯马身上更为多样，甚至比俄罗斯奥尔洛夫纯血快步马更为多样。东方种有其共同特点，英国纯血马的首批种马都属于东方种，而细节的多样性很可能源于这些种马的个体差异，这种差异在本品种存在的相对较短的时期内，还没有消失。

正是因为这些情况，很难根据马的外形，甚或根据马的内外整体品性，

图 39：接受过比赛训练的英国纯血公种马。照片。

来以一种确定无疑的方式辨认出纯血马。人们很容易因无知而搞错，把半血马看成纯血马，反之也一样。

唯一可靠的办法是查阅英国纯血马记录册（Stud-Book），所有的纯血马及其种系都记录在内。1791 年，人们第一次尝试编撰这份纯血马记录册，到 1808 年才正式建立起来。根据这个记录册，可以查到每一匹纯血马的谱系，直至首批东方种畜。正如我们说过的，最好的赛跑马只能是阿拉伯马达尔里、阿拉伯马高道尔蕃或土耳其马贝尔里这三匹马的直接后裔。

英国是一个看重实践的民族。不是理论，而是实践观和经验指导他们去饲养牲畜，尤其是养马。通常情况下，当他们觉得有利于达到某种目的的时候，他们很少重视品种的纯粹性，而是将它们随意地混合起来。他们在养马业中遵循这些原则，只是对纯血马例外。他们十分小心地保持着纯血马的纯粹性，乃至一旦有最小的混血污点受到质疑，便要从纯血马记录册中删除掉，由此小心地保存着这种体质和精神秉性上最为突出的马种。许多著名的马，例如玛姆布力诺——它的儿子麦桑芝后来成了美国快步马的祖先——就被从记录册上删除，逐出纯血马种马场，被列为了半血马。

然而，这个利于纯血马的特例只是阿尔比翁*子孙们的实践和远见精神的一种证明而已。纯血马从其自身看，只是代表为实现预定目标，也就是在比赛中取胜而产生的一种超凡的马。至于在其他用途上，它便被更有优势的其他马种所代替。它的主要用途不在于它本身适合什么用途，而在于它作为种畜对其他马种所能产生的影响，这种影响现在早已被大家的经验所证实。

尤其是为此目的，对于像英国纯血马或阿拉伯纯血马那样拥有非常明显和足够恒定的体质和精神秉性的马种，理应完整地保留其纯粹性，以便得到世袭式的遗传。正是因为这些非常明显和足够恒定的品性，饲养者把它们视作根据事先确定的方向来改良或改变其他马种的一种可靠而确定的根源。如果马种没能保存其纯粹性，这将是不可能实现的。使用混血种畜，例如半血种畜，就只能靠碰运气；而使用纯血种畜，则有理由希望获得某种可靠的效果。种马场主人都很清楚这一点。要了解纯种阿拉伯马和英国马对于种马场的重要意义，只要想象一下如果这两个马种突然消失，随之会产生何等尴尬，便可想而知了。

俄罗斯快步马也具有同样的重要性，如果我们以英国人保持其纯血马的那种坚韧精神保持快步马的纯粹性，意义便一目了然。

然而，英国人受到很大的指责。自从金钱利益开始在赛马比赛中起到重要作用以来，他们在培育马的速度和轻捷之时，逐渐牺牲了他们的马的未来，

* Albion，大不列颠的传统名称。——译注

损害了马的其他品性，在马的形体尚未完全成形之时，让它跑得尽可能地快，承受如此艰苦的训练中各种不受控制的疲惫状况。

如果将现代纯血马与其祖先，也就是80年前或100年前的马进行比较，它在速度上可能每公里赢得了1到3秒钟，但是，相反地，在健壮、力气和耐力方面却失去了许多。失去如此之多，致使人们不得不缩短赛跑距离，减轻马的负重。在赛跑条件上，这些方面的变化反过来促使马的品性降低，而不是提高了，因为在短距离、轻负重条件下，甚至有缺欠的马也能获奖，因此被种马场接收为种畜。

也许，英国至今仍有非常杰出的纯血马，例如图38中描绘的马，但是，平均水平要低于几十年前。如果人们继续在同一条路上走下去，它还会变得更低下。

对于真正的爱马者来说，幸运的是，在大不列颠每年产生的纯血马之中，有一大部分由于速度不足而不能参加比赛。人们将它们变成了障碍赛马（steeple-chasers）、猎狐马、出租坐骑马（park-hacks），有时甚至根据牲畜的能量，将它们变成高雅的挽马。这些马之中有许多马跑不快，正是因为它们健壮、体质结构协调，因此应该从它们中间获取最好的英国纯血马，和最适于创建优秀后代的马。在美洲和欧洲大陆，人们了解并利用了这一点。但是，在英国，很少发生在比赛中没有获奖的马被作为种畜接收到纯血马种马场的事情，它们更多地被用于繁殖半血马。这是英国人犯的一个错误，是我们在俄罗斯为种马场购进获过奖的纯血马，但也许不是最好的马时，经常重复说的事。

第三章 混合来源马

我们认为所有的马，只要特征不属于任何明显的马种，都可以归为这个范畴。现在所指的所有英国马，除了纯血马，某些重畜力马，以及少数还逗留在大不列颠的原始马以外，都是这类马。

尽管这些马有巨大的个体多样性，但是，一个重大的共同点把它们全体，或几乎全体聚合在一起，那就是：它们全部或至少大多数属于半血马，也就是说，在它们的血液里包含一定数量的纯血的因素，使它们共有一种能被有经验的眼睛认出来的特殊印迹。但是，除此之外，它们很少有相像之处，致使我们难以对它们做出概述，或根据它们在马术运动中的特点，以令人满意的方式，将它们划归为何种类型的马群。为了不迷失在毫无意义的细节中，我们认为只能根据它们的确定用途来研究它们。首先，我们将它们划分为两大群体：挽用马和乘用马。英国对高品位的马严格遵循这种划分，因为鞍辔是一种枷锁，马这种高贵的动物不能因为戴着它而永远地降低身份。

挽用马

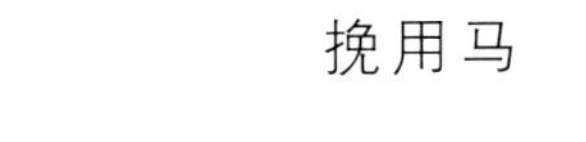

在有铁路之前，英国有为数众多的重挽马，用于拖拉繁重的旅行车辆。同一类型，但更显庄重、外观更美的马则被用作君主或大人物阅兵时的车马随从。但是，铁路使旅行用马消失了，至于阅兵用马，现在只在朝廷马厩里存在极少量：一个很小的乳白色皮毛汉诺威马的种马场，也许还有以前很著名的克利夫兰马种的几匹马。

汉诺威马的种马场是朝廷在汉诺威王国归并普鲁士以后在英国建立起来，并且专门为宫廷的需要而保留下来的。

克利夫兰品种的马躯体高大，美丽，庄重，是相当好的快步马；大部分毛色是枣红色；可能源于体格庞大的约克郡马同纯血马的杂交。这个品种的马今天已经完全消失了。

当今，除了我们在下文中将要谈到的重畜力马，人们在挽车时，只使用更轻捷、更美丽而高雅的马，而不是耐力马。旅行不再乘马车了；挽用马的工作限于远足和散步，活动范围通常不超过几公里路程；在大城市，比如在伦敦，人们很少出城。因此，甚至富裕人家也至少拥有两套交替使用的挽马。今天，在英国，人们生产的挽马完全适用于这些工作条件。

对于英国人而言 fashion（时尚）的含义远比法国的 la mode 更广泛、更有强制性。fashion 的内涵是 correctnes，在法文中是得体、合于体统的意思，它是任何绅士都必须严格遵守的某些规则。根据这种时尚，挽马的体高和外观都必须与使用它们的车辆相匹配。

对于双座的城市用车、双排座四轮轿式马车、四轮敞篷马车等，适宜使用体高大约 1.58 米的马；对于四座马车、有篷童车、双马四轮大马车、 四轮华丽马车等，适宜使用体高 1.60 米到 1.65 米的马；只有在特殊情况下（当马非常美丽之时），可使用体高 1.69 米，甚或 1.71 米的马。对于小型车辆、轻而低的四轮敞篷马车等，根据华丽车马的高度，人们使用 1.33 米到 1.53 米的小矮马。

挽马不仅要有得体的外表，也要有优美的动作，正如英国人说的那样。对于城外的游览活动，动作必须规律而安全可靠；但是，对于城内的漫步，高抬腿的动作必不可少，也就是说，马必须像俄罗斯快步马那样高高地抬起弯曲的膝盖。当然，步行和小快步跑是通常的步履。小快步跑每小时 16

到 19 公里的速度被认为是足够的，但是，非常优秀的快步马应该能跑 21 到 22.5 公里，这个速度远低于优秀的俄罗斯或美国的快步马。挽马的步行速度是每小时 8 到 9 公里。

更受青睐的毛色是枣红色和栗色，但是一般说来，颜色鲜明的毛色适宜于挽马，甚至黑白相间的毛色亦然，但有一种颜色例外（不可理解的例外），亦即灰色，这被认为是不够时尚的。

在小型车辆的挽用马中，有原始品种的典型矮马，例如，设得兰矮马。

总体来说，纯血马不宜于做挽马，因为它们的动作不够优美，过于直线型，体质过于轻捷，不够结实有力。但是，作为少有的例外，在纯血马中，有非常出色的挽马，价格非常昂贵。跑马场排除出去的纯血马，因为形态过于健壮，并且结构过于和谐，正好可以从中找到这样的非常出色的挽马。

通常，挽用马都是种源和外观非常多样的半血马。

只有少数的半血挽马有资格被归为一个完整的马种，那就是诺福克快步马。

诺福克快步马

诺福克快步马主要在诺福克郡和林肯郡饲养；林肯郡很可能是它们的出生地。首批这个品种的马，出现尚不到 100 年。人们认为，它们是源于荷兰种母马同纯血种公马的杂交。它们最著名的祖先之一是弗农麦农（Phenomenon），从父系来看，它是马尔斯克（Marske）之子普雷堂戴尔（Pretender）的直属后裔。马尔斯克也是艾克里普斯的父亲。在 19 世纪初，马尔斯兰德・谢尔是快步马中的大明星，据说它每小时能轻松地跑出 27 到 32 公里（17 到 20 英里）。它的体高不超过 1.50 米；从后驱看，它像纯血马，从头部、颈部以及前身总体看，它像萨福克矮马（suffolk punch）。

我们这个时代的诺福克快步马通常体格更大，不过，很少超过 1.60 米。它们体质健壮结实，有点儿像萨福克马。总体上，它们的外观远不如俄罗斯或美国快步马高雅。头部毫无高贵可言；颈部长而高，但厚实多肉；鬐甲不低，

图 40：威斯特敏斯特（Westminster），诺福克快步马，潘种马场，丛毛切除。J. 戴尔通拍摄。

背部水平，臀部宽大、健壮、呈圆形，尾巴健壮有力；胸部不宽，但长而深；肩部长，足够倾斜；四肢相对较短，但肌肉发达、强壮；关节发达，尤其膝弯关节；马蹄节骨短，饰有小丛毛。通常毛色是红棕色、枣红色和栗色。银白色或红葡萄酒色更受青睐，因为这是著名的快步马遗传的毛色。它们的动作相当优美；前肢膝盖弯曲，抬得足够高，后肢的蹄子超过前肢蹄子的印记；

但是，不管是前肢还是后肢的动作都不如俄罗斯快步马潇洒。诺福克马快步跑不如俄罗斯马，它更仰赖运动频率，而不是跨步的宽度。对于短小路程，它可以快步跑出每小时22到27公里的速度; 对于长距离路程,它过于笨重了。

英国人不是快步马比赛的超级爱好者，他们不大看重诺福克马，特别是因为它们的形态不甚高雅。相反，法国人和德国人很欣赏诺福克马，很乐意买来当作种马场的种畜。

人们进行了试验，而且目前还在试验，试图通过同纯血马杂交使诺福克马变得高雅些。但是经验表明，同纯血马杂交降低了快步马的品质，甚至经常完全消除了这些品质。

所有这些原因汇聚在一起，令人相信这个品种在数量和质量上都在逐步衰退，以致这个品种消逝的日子很可能为期不远了。

图 40 所示为一匹优秀的诺福克马。

乘用马

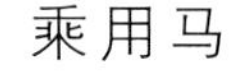

乘用马是英吉利海峡外居民偏爱的马。他们不轻视漂亮的挽马，但是，乘用马是他们的最爱。乘车漫步对他们而言是一种乐趣，而骑马比赛是大家都想要的享受！因此他们的马术才干特别趋向于生产优良的乘用马。

专门化生产，就是说，生产有某种特定用途的动物，在乘用马中比在挽马中有更为明显的需要。针对平地比赛，需要纯血赛马；针对障碍比赛，需要障碍赛马；针对狩猎，则需要不同种类的猎狐马；针对骑马旅行，需要出租马，或公路出租马；针对公园散步，需要公园出租马；针对身体健壮而精神平静的人士，有粗壮短腿马；针对儿童，有矮马。

平地赛马总是由纯血马担当。有一个时期，人们也用半血马参赛，但是现在这个舞台已经对它们关闭。甚至在纯血马中，人们也只接受最为轻捷、最为迅速的纯血马。

图 39 所示为接受过比赛训练的纯血马。

障碍赛马，也就是为障碍赛准备的马，通常或使用纯血马，或使用有大量纯血血统的半血纯种马。如果要跨越的障碍和要奔跑的距离更大（直到 4 英里，或大约 6.5 公里），则要求障碍赛马比平地赛马体格更健壮，耐力更强。因此，最健壮、体质结构最好的纯血马正是存在于障碍赛马之中，或更经常地存在于猎狐马之中。

基于同样理由，障碍赛只适宜使用成年马，也就是说，不小于五六岁的马。

猎狐马，或狩猎使用的马，是大不列颠最为有用的马。它们大多数属于半血纯种马；在纯血马中，只有非常健壮的个体才能承受猎人的劳动强度；人们只在预备用作障碍赛马的那些纯血马之中招收猎狐马。不少障碍赛马是由猎狐马转变的。但是，总体说来，猎狐马应该比障碍赛马更为健壮，更有耐力。它必须胸部发达、长而深，但不宽大；鬐甲足够高，背部强壮，肩部长而斜；四肢结实有力，肌肉发达、刚劲，同时还要足够精悍；尤其是，后驱必须强壮。视力必须非常好，步履稳健可靠，性情温顺；最后，它必须具备非常的耐力，不怕苦累。其体高为 1.56 米到 1.69 米，甚或 1.73 米；但是，也有优秀的猎狐马体高不超过 1.50 米。

在布满高大或宽广障碍的开阔平原之上猎鹿或狐狸，必须使用躯体高大的马，最好是纯血马，或非常接近纯血的半血纯种马。在封闭平原上，或是猎野兔时，体格更小和更普通血种的马便足够了。但是，在丘陵地带狩猎，必须选择纯血马。

马匹只有到 6 岁时，才能获得优秀的猎狐马必须具备的一切品质。

在大不列颠，到处都在饲养猎狐马，但在生产优秀的猎狐马和障碍赛马上享有美誉的主要是爱尔兰。

图 41：半血猎狐马，圣彼得堡皇家马厩购于英国。西蒙诺夫博士拍摄。

英国骑兵在猎狐马中招收其最佳的军马。

图 41 所示为俄罗斯帝国马厩在英国购买的半血纯种马。

出租马。坐骑马体格大于矮马，在品性上既不属于猎狐马，也不属于赛马，在英国，它们以出租马的通用名著称。人们将它们区分为旅行出租马或公路出租马，以及散步出租马或公园出租马。人们将中等体格的出租马称作 cob，即粗壮短腿小马，它粗壮，性格安详，健壮得足以轻易托起一位体重 100 到 115 公斤的货真价实的绅士。

旅行出租马或公路出租马。在有铁路以前，骑马旅行在英国非常普遍，公路出租马遍布全国。它们体高 1.51 米到 1.53 米，非常有耐力，体格健壮，四肢强壮敏捷，步履稳健，足够迅捷。现在公路出租马已经消失，在农场主、乡下医生和兽医那里，兴许还存在少有的特例。后来，公路出租马被林荫出租马（covert hacks）所取代，后者的体高、外观以及稳健可靠的步履与前者相像；不过，它们更轻捷，而且小步跑更迅速，每小时达到 21 公里，奔跑可达每小时 27 公里，但是耐力不如公路出租马。林荫出租马也很快就要消失了。

图 42：芙洛拉（Flora），圣彼得堡皇家马厩的短腿枣红马，购于英国。L. 西蒙诺夫博士拍摄。

散步出租马或公园出租马不需要速度快，也不需要太强的耐力。它们是使人愉悦和供人炫耀的马。温顺的性格，漂亮的形体，动作规律、稳健而高雅，这就是公园出租马必备的全部品性。最合适的体高是 1.51 米到 1.53 米，男女皆宜；体高 1.60 米到 1.65 米的马仅为身体魁梧的男士准备。纯血马和血缘丰足的半血纯种马最宜于做优良的公园出租马。

粗壮短腿小马外观更像挽马，而不是乘用马；事实上，它们通常适宜于这两种用途。从体质和精神上看，使人想起昔日的萨福克矮马。它的体高很少超过 1.56 米。但是，它的体质非常健壮，圆筒形的身躯，两肋溜圆，四肢相应短小，健壮，肌肉发达，且相当精悍。小马的头部高雅，颈长且紧凑。它性格温和而平静，步履稳健而规律。一匹优秀的小马理应步行速度达到每小时 6 公里到 6.5 公里，小跑速度达到每小时 13 到 14 公里。对于体重较大，而且喜欢马的步履均匀而平静的骑手，没有比这种小马更好的马了。爱尔兰生产的这种小马非常优秀。

图 45 为杰出的小马画像。

矮马的英文 pony 一词意指“身体小的马”。但是，“身体小”的含义在大不列颠王国的不同地区理解各不相同。在约克郡，本地的马通常体格高大，人们把体高小于 1.58 米的马都称作 pony；在诺丁汉，仅指体高小于 1.47 米的马；而对于德文（Devon）和萨摩赛特（Sommerset）的居民而言，一匹矮马体高应不超过 1.22 米。在某种狭义的范围内，人们理解的小矮马是指大不列颠山区或沼泽地区在半野生状态下生长起来的原始马种，这就是我们将在下文中谈到的设得兰群岛的矮马，或埃克斯穆尔（Exmoor）的矮马。这些矮马体高很少超过 1.22 米。

第四章　重畜力马

正如上文所说，大不列颠原始的本地马都是小个头。更高大的马是从欧洲大陆，也就是德国、荷兰和诺曼底引进到英国的。在英国，仅只是从17世纪末或从18世纪初才开始系统地饲养重畜力马。黑色皮毛的荷兰重马构成首要基础。在气候、饲料条件和训练的帮助下，英国人用不到一个世纪的时间，通过杂交的方法，创建了他们典型的，而且几乎与纯血马同样著名的重畜力马。

在19世纪初，英国拥有大约六种不同的重畜力马种。后来，这六个马种逐步合并为三个马种：雪橇马、萨福克马和克莱戴斯戴尔马。这三种马现在都还存在，但合并仍在继续，很可能在不久的将来，它们相互之间的特征差异终将消逝。如今在英国，大部分重畜力马已经不能被归为哪个特别的马种。在这些马之中，夏尔马（Shire-horses）变得著名，而且越来越重要。

我们已经说过，英国人除了对他们的纯血马外，都不大重视保持马种的纯洁性，如果他们认为通过混合马种的血统能够实现某种有益的目标，他们会很乐意对他们全部的马匹进行杂交。他们所有的，或者说几乎所有的轻畜力马和乘用马就是这样被创造出来的，正如我们已经看到的，其中大部分不属于任何明显的马种。现在，重畜力马的情况是类似的。区别现存马种的标志逐年减少。真正的卡车马几乎消失了，萨福克马濒临消亡，克莱戴斯戴尔马还在坚持着，但是已经明显有了变化。相反，不属于任何明确马种的马在数量与质量上都变得越来越重要。几乎可以确信，在不远的将来，英国的重畜力马将面临其他马遭受的命运，也就是说，通过杂交混血，变得不分彼此。

重畜力马之间的区别将不再依据马种的差异，而是依据它们的用途，正如人们现在区分不同的乘用马或轻畜力马一样。

雪橇马

雪橇马是伦敦啤酒商人的专用马，现在已经变得稀少。在重畜力马中，雪橇马甚至可算是巨型马，它的体高从不低于 1.73 米，平均为 1.82 米，有时可达到 1.93 米。身躯形态是与体高成正比的。一头平均体高（即 1.82 米）的雪橇马体重是 914 公斤[1]，它并不属于最重的马。从前，伦敦的各家大啤

图 43：斯特灵（Sterling），雪橇马，阉马。图片专为本书拍摄。

① 这头马的饲料平均每日要花费 3 先令，也就是 3 法郎 60 生丁。

酒厂以其所使用的马的毛色相区别：第一家专用黑色马（雪橇马的主要颜色），第二家专用杂色马，第三家专用灰色或栗色马。但是现在人们已不再注意毛色。

图 43 所示为雪橇马。

雪橇马是一种漂亮的动物，不过，这只是富有的啤酒商为了满足其虚荣心而保持的奢侈行为，因为经验表明，矮小一些的马更有用，甚至在拖载重物时也是如此。因此，现在雪橇马越来越多地被其他类型的重畜力马所取代。在种马场里，人们很乐意用雪橇马与重畜力马杂交，几乎可以肯定的是，不久后，将不再有纯雪橇马。

萨福克马

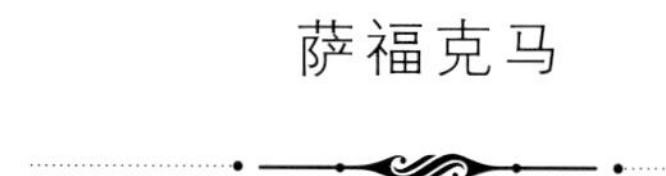

不久以前，萨福克马不仅在英国，而且在整个欧洲都还享有盛名。今天，它让位给了克莱戴斯戴尔马和重畜力马，毫无疑问，后者是更高档的马。

萨福克郡长久以来以其耕地畜力马（cart horses）著称，这种马身躯不大，通常高 1.52 米左右，但低矮而健壮，肩部发达，四肢强壮，尽管相应精悍。正是由于这些品性，它们被称作“萨福克矮马”[①]。如今矮马这一绰号仍在，但是，由于一再地同半血纯种重畜力马杂交，马匹变得更高、更大、更迅捷，但同时耐力却越来越不如从前。

如今的萨福克马体高 1.60 米到 1.63 米，性格温顺、听话，非常擅长农业劳作，但是对于长距离运输重物表现远不够好，因为它们的跖骨和骨节不够坚实，容易肿胀，致使马跛足。

---

① suffolk punch，punch 指木桶、酒桶，在引申意义上指矮小的人或动物。

图 44：萨福克马（Suffolk）。图片专为本书拍摄。

栗色是萨福克矮马最常见的原始毛色，但也有不少枣红色马。

图 44 所示为现代的萨福克马。

克莱戴斯戴尔马

克莱戴斯戴尔马作为优秀的重畜力马之一，不仅在英国，而且在欧洲大陆大部分国家都一直受到推崇。它的摇篮是苏格兰的克莱德郡，或里纳尔克郡。人们认为，克莱戴斯戴尔马源于荷兰公种马同苏格兰本地种母马的杂交。如今，人们在整个大不列颠都饲养克莱戴斯戴尔马。

克莱戴斯戴尔马外观和精神品性中的某些特征证明，其血液里很可能注入了一定量的纯血马的血统；况且，在英国，完全没有纯血马血统的马极少。克莱戴斯戴尔马的头部高雅，皮肤和毛色比其他重畜力马更精致；动作更有力、更迅捷、更美丽。此马种的许多马善于快步小跑，在这方面，它们很像俄罗斯的比图格马。人们认为，此马种的特殊标志之一是“长而软的丛毛”延展到球节两侧，沿着跖骨直到膝盖；但是如今，英国大部分其他的重畜力马都有相同的丛毛，可能是因为与克莱戴斯戴尔马杂交的结果（比较图 43、44 和 45）。

克莱戴斯戴尔马体高在 1.64 米到 1.73 米之间，最常见的体高是 1.66 米。通常毛色是枣红色或棕色，其他颜色几乎总是表明来源的不纯洁性。

图 45：克莱戴斯戴尔马。

纯种克莱戴斯戴尔马是一种优秀的动物，但是英国人觉得，它的身躯不够庞大，四肢有些过长，而且作为重畜力马，它的动作过于强劲。在这方面，他们尽力通过与更高大的马种杂交来进行改善。我们认为，他们是在使该马种变坏，而不是变好。

要确信这一点，只需比较一下图 45 与插图 XXXI 的马便一目了然了。前者是纯原始马种的克莱戴斯戴尔马，后者是新近出现的马，也就是说，在体重方面已经得到改良的马。我们还见到过更庞大的马。

夏尔马

夏尔马的英文 Shire-horse，字面意思为“本郡的马”，但实际上这个词的意思是“耕地马”，或“农业马”。在英国，人们称之为真正的耕地马（cart-horses），它既不属于雪橇马、萨福克马，也不属于克莱戴斯戴尔马，尽管它与这三种马之间有近亲关系。夏尔马不属于任何专门的马种，也没有任何特殊的毛色特征。它们体格高大（最常见的不低于 1.65 米），身躯厚实肥大，两肋箍筋而深沉，胸部宽大，背部健壮，臀部肥壮，肩部足够厚实，便于套颈圈，四肢强壮，饰有丰富的丛毛。夏尔马虽然不属于任何单独的马种，但是这些马非常出色，而且显得日益重要，因为它们更符合农业劳作的要求。它们取代了四五十年前一度著名，而现在已完全消失的林肯郡黑马（black horse），并且正在逐渐取代其他种类的重畜力马。人们在实践土地深耕的各郡饲养重畜力马。

第六章　大不列颠的原始马种

以前，设得兰矮马、埃克斯穆尔矮马和威尔士矮马属于原始马种，就是说由大自然本身创造，没有人工技巧干预的马种。但是，威尔士矮马同其他马种，主要是纯血马和纯血半血马混合杂交太多，致使原始马种完全消失，如今剩下的只是一个名字，不加区别地用于源于威尔士地区的各种小型马。

埃克斯穆尔[①]矮马

这些马中有一部分可能还处在原始状态，没有同其他马种混血，但是大部分矮马已经通过同纯血马、东皋拉马以及纯血半血马杂交而得以改良。况且，饲养埃克斯穆尔矮马越来越让位于饲养更赚钱的绵羊。改良过的现代埃克斯穆尔矮马通常体高不超过1.29米或1.30米；它的头部美丽，饰有小耳朵；身躯结实、矮壮，呈圆形，两肋箍筋；胸部与背部健壮；四肢精悍，肌肉发达强劲。大部分毛色为枣红色、棕色或灰色；少有栗色或黑色，尽管黑色是原始马种常见的颜色。

① 埃克斯穆尔是位于英国西南部的丘陵高原，在德文郡北部，萨默尔赛特郡西部。那里少有人烟，布满荆棘和瘦弱低矮的野草。

设得兰矮马

设得兰矮马是大不列颠真正保持纯血的唯一原始马种。它的摇篮和祖国是位于苏格兰东北部，而且远离苏格兰的设得兰群岛。很可能，群岛的完全孤立状态正是马种保持纯粹性的原因。设得兰矮马的种源尚不够明晰。有人猜想，首批设得兰马是从挪威引进的，这是非常有可能的，因为这些岛屿从前是属于挪威的，而且岛上居民肯定来自挪威。

群岛上的土地部分是丘陵，部分是沼泽，只生长苔藓和地衣，以及瘦弱短小的野草，不足以喂养大型的动物。因此，岛上所有的食草动物，包括马，

图 46：杰尼（Jenny），设得兰矮马种母马，15 岁，体高 1.04 米，浅栗色。J. 戴尔通专为本书摄于巴黎外国动物驯化园。

很少有体积庞大的。这里对马的饲养方式像西伯利亚草原上半野性居民一样原始，也就是说，这些动物全年无人管理，放任自流不管冬季或夏季，都待在野外生活，只依靠脚下能找到的野草为生。因此，它们几乎像吉尔吉斯马或卡尔梅克马等草原马一样吃苦耐劳。

最好的矮马生活在乌恩斯特岛（ile Unst），岛上多石的土地上覆盖着红色的石头，其间生长的一丛丛野草，是牲畜唯一的食料。乌恩斯特矮马体高在 0.98 米到 1.07 米之间，很少达到 1.12 米，在特殊情况下，能遇到体高不超过 0.91 米的矮马。人们更喜欢浅栗色皮毛，鬃毛、尾巴和顶毛为黑色或几乎白色的矮马，最常见的沿着背部有一条同样颜色的带状条纹。常见毛色为黑色和枣红色，相反灰色和栗色很少见，黑白或红白两色皮毛也很少见。

图 46 所示为设得兰矮马，浅栗色毛皮，鬃毛、尾巴和顶毛几乎是白色。

在奥尔科内岛的贝尔福庄园也饲养着很优秀的矮马。

出自苏格兰，尤其是西部滨海地带的诸郡（阿盖尔、马勒、斯基耶、罗斯）的矮马个头更大，体高在 1.24 米到 1.29 米，但耐力更差些。

冰岛的矮马个头更小些，体高大约 1.22 米。

第四部分

法国马

根据种马场管理局帮忙提供的最新统计数据，1892年，在法国，有2,956,425头马，其中包括437,901头公种马、965,755头去势马和1,552,769头种母马。如果加上阿尔及利亚的约150,000头马[①]，总共将会有3,106,425头马。在阿尔及利亚，马与人口的数量之比差不多是8:100。

在马的数量上，法国差不多与大不列颠占据同等地位，甚或比英国更多一些。在饲养马的有利条件上，法国的气候和土壤不输给英国，特别是在北部和西北部诸省。两国的工农业处于相同的发展程度，对于马的繁育理应在相同方向上产生影响。

但是，巨大的差别在于两国的民族性格、他们的习惯，以及他们在繁殖和饲养牲畜，尤其是繁殖和饲养马上不尽相同的方法。

在英国，私人企业非常发达，这甚至是人民经济和精神生活中一切变革的主要动力和基本原因。相反，法国人是典型的中央集权主义者。

在英国，整个社会的各个阶层都或多或少地喜欢马，畜牧业的实践知识在英国更为普遍，许多人是马的爱好者，他们之中不乏真正的行家。在法国，人们对马一般都相当冷淡，而且，除了业内专家之外，很少有人懂得足够的马学概念[②]。

因此，人们很容易理解，为什么在英国，马的繁殖和饲养完全掌握在私

---

① 这是种马场管理局的粗略评估；但是，熟悉阿尔及利亚情况的人士向我们保证说，阿尔及利亚马的数量远超过官方数字。

② 关于马的实践知识在军人中更为普遍。我们认识一些军官，他们是杰出的马学专家。

人工业手中，而在法国，马的繁殖和饲养一直是由政府倡导和管理的。

就此，还要补充：法国由其政治和地理地位决定，必然是军事强国，必须为其众多的部队补充军马。甚至可以说，这正是法国政府干预全国马的繁殖并且尽力加强管理的主要原因。法国政府的根本任务就是为其军队生产足够数量的优良军马。必须承认，这一努力没有白费，近年来成果尤其显著。

在英国，可以说，每匹马都是由生产者和饲养者专门的想法创造出来的，由此便产生了无限的多样性，即便是同一种用途的马亦也如此。相反，在法国，中央管理的主要方向总是使马同化，不是生产专门用途的个体马，而是生产相像的马的群体和家族。这就是法国和英国在对马的饲养方法上存在的关键差异。正是由于这种差异，在英国，马的家族世系趋于完全消失[①]，而相反，在法国依然存在在残存的旧家族谱系基础之上创造出新的世系马种的趋势。

在这两种完全对立的体系中，哪一种更好呢？理论家们可以随意地思考、讲述和写作，但是经验证明，这两种体系都是好的，如果人们做到聪明地实践它们的话。

在最近五六十年期间，法国在马的生产上获得了巨大发展。特别是在当前制度下，法国已经明显地证明，以其体系可以获得令人吃惊的效果。法国只需要 20 年的和平期，就不仅更新了马的数量，还将马匹生产推向如此繁荣的程度，以至于多年以来，在法国，马的出口已经大大地超出了进口，军队的军马补充得到了保证，全国存在足够数量的、符合其各种需要的马匹，而且最终，这些种类的马匹已经变成了世界名马。

一言以蔽之，现在，法国没有什么可欣羡英国的了。

必须承认，法国获得这些成果都得力于其政府，特别是法国种马场总局，以及作战部的军马补充管理局的决断和坚持。正如我们已经说过的，政府干

---

① 也许纯血马是个例外，保持纯血马是英国人特别关注的目标。

预马的繁殖，主要目标就是给军队提供优秀的马匹。因此，军马补充管理局对于种马场总局的决策施加重要影响，同时通过每年购买相当数量的马，也直接影响到私家种马场的饲养手段。总之，种马场总局和军马补充管理局的倡议和运作密切相关，以至于，谈到其中之一的影响时，自然地，言下之意就包含了另一个机构的作用。必须在这种含义上理解我们在第二章中谈到的国家对马类繁殖的影响。

第一章　法国马的来源

关于古代高卢的马，人们只知道，在恺撒时代（公元前 58–前 51），那里的马比日耳曼马个头更大，从外形上就可以区别它们。

有两大事件对法国马的种群产生了非常大的影响：8 世纪初阿拉伯人入侵法国南部，以及 9 世纪末诺曼底人征服法国北部。阿拉伯人于公元 732 年被查理·马特* 打败并且赶出法国后，在法国留下了许多东方种的马；诺曼底人带来了西方种的更大而重的马，并且在鲁昂、卡昂和巴约城郊建立了种马场。这些事件确立了至今存在于北方马的种群与南方马的种群之间的深刻区别。

法国马的繁殖和饲养在封建社会阶段达到了繁荣状态。当时贵族几乎独立于国王，居住在自己的庄园里，维持着众多大型的种马场。正是在这个时期，创造出了法国最好的马的世系，可惜，自那以后不复存在。

随着王权的加强和封建制的消失，贵族们逐渐离开了他们的土地，来到变得至高无上的君主周围。他们的种马场空了。马的世系逐步退化了，而且马的数量减少，减少的速度极快，以致到 16 世纪初，为了给骑兵补充军马，不得不到国外去买马。

路易十四与他的继承者们的斗争，直到与拿破仑三世之间灾难性的战争，再到最后的普法战争，隔三差五地破坏了最好的马群。为了补充马匹，必须每年从德国、丹麦、比利时和英国引进相当数量的外国马。

---

* Charles-Martel（688–741），法兰克王国墨洛温王朝末期的宫相。——译注

从种马场管理局的年度报告可看出，直到 1884 年，法国每年进口的马数量总是超过出口到国外的马。自这一年以后，出口才开始超出进口，至 1888 年，差额为 25,818 头马；随后的几年，出口数量减少，但是一直保持在几千头的净出口额。如今，法国不再缺马；据法国官员的说法，法国军队可以完全依靠自己的马来补充军马，至少在和平时期是如此。

1639 年的敕令代表法国政府控制养马业的首次尝试，但是，这次尝试最后无果而终。直到 1665 年，柯尔贝尔 * 以更稳定的方式奠定了这种控制的基础，自此以后，直到现在，法国马匹生产的高级监管一直掌握在政府手中。

柯尔贝尔规定了政府监管制度，设立多个公种马管理局，并为此从德国、比利时、西班牙、那不勒斯、土耳其以及国外其他地方购进马匹。

在路易十四统治末期，1714 年，法国在诺曼底披因（pin）建立了第一个国家种马场。在路易十五统治下，增加了两处国家种马场：1745 年，在利木赞建立蓬巴杜尔种马场；1766 年，在南希郊区建立洛奇艾尔种马场。由外国大使献给杜芭莉伯爵夫人的两头丹麦公种马创造了负面模式的钩状头型的马；它们被派到诺曼底做种畜，在那里留下了痕迹，而且不幸的是，尽管做了各种努力，这些痕迹至今还没有消失。

路易十六的大马厩总管朗柏斯亲王以其养马的本事和知识著称，他为法国南部引进了阿拉伯公种马，为诺曼底披因种马场从英国购进了 24 头一流的纯血半血公种马；这些公种马可以看作盎格鲁-诺曼底马种的首批创建者。

在 1789 年大革命前夕，法国拥有 15 个属于国家的公种马中心和种马场，以及 3300 头公种马种畜。大革命扫除了这一切，并且使法国养马业的发展停滞下来。

1806 年，拿破仑一世创建了新的管理机构，用于管理法国的马匹生产；

---

* 法国政治家，接替富凯任路易十四财政大臣。——译注

这个机构的基本特征保留至今。他恢复了披因和蓬巴杜尔的种马场，在波城和龙谷耐另外创建了两所种马场，并创建了30所公种马中心，在里昂和阿尔弗建立了两所兽医学校，以及多所骑兵学校。但是，因为在整个第一帝国时期，英国对法国实行封闭，人们只好满足于从其他各地，主要是从德国购进的二流种畜。为蓬巴杜尔种马场和法国南部种马中心购进的埃及公种马，没有产生良好结果。况且，拿破仑一世干的是一手给出，另一只手取走的事。他无休止的战争不断地破坏养马业取得的一切好成果，如此这般，消除了一切进步发展的可能性。

法国王朝复辟时期，在养马上几乎毫无作为。从1830年起，在路易-菲利普治下，人们重新从英国购进种畜。购进的纯血和纯血半血公种马逐渐创造了盎格鲁-诺曼底马种，正如我们说过的，在路易十六统治下，朗柏斯亲王已经为此建立了初步基础。在法国南部，产生了盎格鲁-阿拉伯马种，这些马后来作为种畜，获得了如同北方的盎格鲁-诺曼底马种一样重要的地位。

但是，主要是拿破仑三世和当今的政府造就了马类养殖和繁育的繁荣，使之成为法国现在如此兴旺的事业。

拿破仑三世将法国分为不同的马术运动区，各区的领导者从属于皇家部，长官为总经理（很长时间是弗勒里将军担任）。不惜花大钱购买英国最好的种畜、鼓励赛马和马术比赛、建立训练学校等。在拿破仑三世统治下，法国饲养的纯血马在比赛中首次荣幸地战胜了英国的竞争对手。这件事大大推动了法国的马匹生产，但同时也产生了不小的坏影响，亦即使公共注意力过分关注纯血马，而忽视了其他马种；人们开始只把纯血马看作出路；人们引进各地的纯血马种畜，而且轻率地使用它们，损坏了大量的马和马种。

最近的普法战争给法国的养马业和所有其他行业带来了同样的不幸。战后，几乎一切都要重新开始。

第二章　马匹生产状况管制机构及其影响[①]

法国种马场总局的实际组织，由1874年5月的法规奠定了基础，它由拿破仑一世建立，后由拿破仑三世修正的组织只在某些细节上不同。

现在，种马场总局从属于农业部，在拿破仑三世时期，农业部从属于皇家部。它由种马场总监察长和最高委员会领导，最高委员会的24位成员由任期9年的共和国总统任命，其中1/3的成员每3年更替一次。最高委员会对关于马匹生产和饲养的一切重要问题提出意见；每年至少召开两次会议，并且每次会后要做报告，呈报众议院。

整个法国划分为6个总监察区，每个监察区有一名总监察长。第一区的总监察长居住在鲁昂，第二区的总监察长居住在布尔热，第三区的总监察长居住在南特，第四区的总监察长居住在阿仁，第五区的总监察长居住在马赛，第六区的总监察长居住在贡比涅。6位总监察长在部里构成"咨询委员会"，接受总监察领导。

国家出资维持蓬巴杜尔种马场和21个国家公种马局。种马场和这些公种马局对应于22个分区，每个分区每年要选出配种站所需的马匹数量，公种马局的公种马分配给配种站，以满足全国养马者的需要。在科西嘉阿雅克肖，有一个常年配种站，替代了公种马局。种马场和公种马局分别由经理和副经理管理。经理每年在他的分区公布分配给配种站的国家公种马的名字和

① 关于管制机构，见《法国管理词典》中彭斯来先生（莫里斯·布洛克）之文章。1891年版。

马种，以及每头公种马的交配价格[①]。

根据规定，蓬巴杜尔种马场每年必须有60头阿拉伯纯种马、盎格鲁-阿拉伯纯种马和英国纯血马的种母马，以及必要数量的同样血统的公种马。所有国家种马局的公种马每年的数量最初确定在2500头，后来逐渐提高到3000头。1891年，在这3000头中，有181头英国纯血马，104头阿拉伯纯种马，154头盎格鲁-阿拉伯纯种马，1696头半血纯种马和322头畜力马。

正如我们说过的，国家只拥有唯一一个种马场——蓬巴杜尔种马场（在高来支），它只生产阿拉伯和盎格鲁-阿拉伯纯种马。1891年，种马场生产了21头阿拉伯马（10头公种马和11头种母马）和21头盎格鲁-阿拉伯马（9头公种马和12头种母马）。每年一部分产品被卖掉，另一部分，也就是最好的部分作为种畜留在种马场。种马场从法国和英国的私人种马场购买公种马和英国种母马。

种马局的公种马，除了蓬巴杜尔种马场生产的阿拉伯马和盎格鲁-阿拉伯马外，都是由政府从私人饲养者那里买来的。

政府通过公种马局直接影响法国的马匹生产，必须承认这种影响是非常强大的，因为它按着政府的意愿，逐步改变了法国的马匹种群。

而另一方面，政府通过对作为种畜的私人公种马的管制，和对赛马与马术比赛的物质和精神鼓励，间接地影响了马的饲养。

对于公种马的管制首先表现在实施1885年8月14日颁布的法令，根据这一法令，马匹公共交配只能使用卫生委员会[②]认为“健康”的公种马，也就是说，既无喘鸣病，也没有定期肿痛病的马。其次，政府给最佳公种马，

---

① 1891年，142,292头母马与2457头公种马交配，政府收取的费用是981,933法郎，也就是平均每头母马收费6法郎90生丁。通常交配价格为：每头公畜力马8法郎，半血纯种马从8法郎和10法郎到12法郎和15法郎，纯血马从25法郎一直到100法郎。

② 由一名总监察长或其代表与两名兽医组成。

也就是被认为能够改良生产的公种马（这是私人公种马中的精华部分）颁发《特批公种马证书》，给能够保持生产水平的中等质量的公种马颁发《准许公种马证书》。

特批公种马有权享受政府奖金[①]，但是交配价格不能超过100法郎，年内与其交配的母马数量不能低于规定数字[②]。准许公种马无权享受奖金。

在地区马术比赛上，只能使用经过国家特批或准许的公种马，仅持有健康证明的公种马无参赛权利。

1891年，有1248头特批公种马（153头纯血马，489头半血纯种马和606头畜力马），149头准许公种马（13头纯血马，18头半血纯种马和118头畜力马）和5992头持有健康证明公种马（123头纯血马，934头半血纯种马和4933头畜力马）。特批和准许证书以及卫生证明都必须每年更换。

在法国，有地区马术比赛和种母马比赛、不满30个月的小马比赛、不满3岁的母马比赛。地区马术比赛与地区农用马比赛同时进行。1891年有8次比赛（分别在波城、巴尔-勒-杜克、阿维尼翁、布尔、凡尔赛、尼奥尔、奥里亚克和圣-碧丽优客），先后有1152头马参与，536头马获奖。种母马比赛和小马及1至3岁小母马比赛更为重要，1891年有414次比赛，17,107头马参与，其中9012头马获奖。

另外，根据总监察长官推荐，政府授予生产同样血种小马的阿拉伯母马或盎格鲁-阿拉伯母马奖金。

在法国，有三种赛马比赛：平地比赛、障碍赛和快步小跑比赛（驾车而且坐人）。1891年，有277个地方组织了比赛，比赛时间加起来达到652天。所有的比赛由私人公司运营，但是除了障碍赛，一切比赛都得到国家资

① 纯血马800到2000法郎，半血纯种马500到1500法郎，畜力公种马300到500法郎。

② 纯血马应不低于30，半血纯种马应不低于40，畜力公种马应不低于50。如果达不到这个数字，奖金相应减少，但是如果一半还不到，奖金会全部取消。

助[1]。

国家每年为赛马协会提供约 200 万法郎的奖金和捐赠，此外，还要加上给阿尔及利亚的 5 万法郎。

多年以来，法国马匹种群数量大致维持在 300 万头。假设这个种群差不多每十年完全更新一次，每年配种生产的数量应该在 30 万头。以配种母马 60% 的生产率来计算，可以推算出每年交配母马的有 50 万，但是生产中有一部分死亡，这个数字至少可以提高到 60 万头。根据种马场经理的报告，1891 年与国家特批和准许的公种马交配的母马有 215,389 头。与 60 万还差 384,611，或以整数来计算，还有 40 万头，这些母马应该是与其他公种马交配的。其中 5992 头是在不患喘鸣病或定期肿胀病痛的“健康公种马”中找到的，但它们无法维持马的种群水平，最后，肯定还有数量多得多的公种马不为人所知；这些不为人所知的公种马中，可能也存在优秀的马匹，但是很可能，它们中大多数甚至低于仅只持有“健康证书”的公种马的水平。

因此，逐步改良活动直到现在也只在法国 1/3 的马匹种群中进行，剩下的 2/3，如果没有变得更坏，至少是处于停滞状态。但是，如果这种改良体系持之以恒地以同样的力度继续推行下去，特批的公种马数量将逐年增加，与此同时，改良的范围将相应扩大。总体来说，法国已经获得巨大的成果，因为在欧洲各国中，可能只有英国能够自吹拥有更多的改良马。我们还可以加上比利时，但是那里的马属于完全不同的类型，而且相比之下数量很有限。

在 1891 年法国特批和准许的 3286 头公种马之中，有 314 头英国纯血马，108 头阿拉伯马，179 头盎格鲁-阿拉伯马，2188 头半血纯种马以及 1037 头畜力马。因为多年以来不同马种的公种马之间数量比例大致维持在同一水平，我们可以认为 1891 年的数字相当忠实地指明了法国马匹种群改良和产生改

① 所有比赛活动都毫无例外地由各省或各城市资助。

变的方向。

英国纯血马公种马广布于法国，它们部分用于保持马种本身和创建盎格鲁-阿拉伯马，但是主要用途在于创建或改良半血纯种马。阿拉伯和盎格鲁-阿拉伯公种马专门用于法国南方：首先是为了保持这两个马种，其次是为了改良轻型坐骑马和创建半血纯种马。

从数量上看，半血纯种马占主导地位，这主要是因为法国马匹种群的复兴是在它们的影响下产生的。它们大部分源于诺曼底，也就是盎格鲁-诺曼底，极少一部分源于法国西部的盎格鲁-布列塔尼，或盎格鲁-布瓦特帆。在南方，则是塔尔布公种马或改良的比古尔丹马的公种马起主要作用。

在半血纯种马之后，最大多数的公种马属于本地畜力马种，主要是布劳耐和佩尔什马种。布列塔尼马已变得稀少。布瓦特帆公种马几乎是专门为了繁殖骡子而储备的。

根据各地马的数量和品性，可以将法国分成两个不均等的部分：北部和南部。北部更小，但拥有最重要的马匹生产中心。北部的马个头更大，在形体上更接近西方种，如布劳耐马、佩尔什马、纯血半血马安格鲁-诺曼底马等等。相反，南方的马个头更小，具有东方种所有的特殊标志。

法国马匹生产的这种地理划分完全符合土壤、气候的差异和南北部的马在原始种源上的差异。

大部分法国马渐渐地变成了纯血半血马。在北部，是直接或间接地注入英国纯血种产生了这种转变。在南部，英国血种产生了影响，而且现在还在产生影响，但是阿拉伯血种尤其占优势，这主要是因为法国南部的马是这个阿拉伯马的直接后裔。

在 18 世纪，法国还拥有封建时期创建的许多本地马种，如阿尔登、诺曼底、布列塔尼、弗拉芒、洛林、法兰克-共图瓦、利木赞、纳瓦里诺、朗德等马种。但是，这些古老马种大部分已经不复存在，而另一方面，其他新马种已经形成，或正在形成之中。

现在，法国生产纯血马、半血纯种马和某些本地马种。

纯血马之中，有英国赛马、阿拉伯马和盎格鲁-阿拉伯马。

昔日的本地马种还有保留下来的：朗德马、卡马尔格马、布瓦特帆马，以及布列塔尼马种的残余。新形成的本地马种也已经很著名，如布劳耐马、佩尔什马和纳瓦里诺马，或改良过的比古尔丹马种，人们也称之为塔尔布马种。

在阿尔及利亚，人们饲养柏布马。

现在，像在西欧其他大部分国家一样，半血纯种马是法国最普及的马。其中名列前茅的是盎格鲁-诺曼底马，现在这些马非常出名，种马场总局都真正为之骄傲。

第三章　法国的纯血马

英国纯血马

当赛马比赛按英国方式引入法国之时，也就是将近 18 世纪末，人们开始欣赏英国纯血马，但主要是拿破仑三世使之成为了时尚。拿破仑在位时，建立了首批生产法国纯血马的种马场，并顺利取得了成功，以致不久后法国籍的纯血马甚至能够在英国的赛马场上赢得比赛。人们还记得“斗士”“上天之女”以及其他名马的胜利。

现在，赛马，毋宁说是与之伴随而来的赌马已经深入到法国习俗之中，法国的纯血马生产不再需要政府方面的任何保护，不过，政府还是继续每年拨给固定的补贴，支持平地赛马（1891 年拨款 169,050 法郎）。但一般说来，法国的赛马比赛全都是由私人公司维持和管理的，其中最重要的“鼓励公司”也以“焦盖俱乐部”（Jockey-Club）的名字著称，此外还有“法国障碍赛总公司”。两个公司都在巴黎，前者负责平地赛马，后者负责障碍赛马。

法国目前大约有 50 多个私人种马场负责繁殖英国纯血马，大部分种马场在巴黎周围，比如尚蒂依镇及其周边就有多个种马场。在法国西部和南部也有，但很少。除特别小的种马场之外，每个种马场都拥有一个训练马厩、一位赛马训练师、多位职业赛马骑师、多位马夫（男童），都是英国人。小型种马场向公共赛马训练师派送训练出来的赛马，公共赛马训练师中有很多很著名[①]。

种马场场主的主要目标可能是生产用于赛马比赛的马，但同时也为创造和改良半血纯种马提供了必要的元素。总之，一切都按英国方式进行。某些场主的种马场甚至分成了两部分：一部分在法国，另一部分在英国。

现在法国的纯血马数量大概上升到了数千头。

图 39 所示为法国籍的英国纯血马。

阿拉伯纯血马

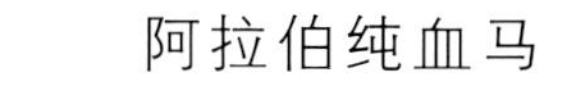

阿拉伯纯血马主要在法国南部饲养，蓬巴杜尔国家种马场为其中心。阿拉伯马部分用于保存阿拉伯马种，部分用于改良本地坐骑马，但是，主要用于创造盎格鲁-阿拉伯马。

人们不时购进东方种畜，借以革新马种。最近，蓬巴杜尔种马场引进了 20 头种畜：14 头公种马和 6 头种母马。

盎格鲁-阿拉伯纯血马

在欧洲其他国家，例如德国和奥匈帝国，也生产盎格鲁-阿拉伯马。从前，在俄罗斯，甚至有人饲养过非常漂亮的盎格鲁-阿拉伯马，奥尔洛夫和罗斯顿伯希诺坐骑马种就是非常精彩的典范（见图 35 和 36）。但是，没有任何

① 例如卡特家族的不同成员。这种公共马厩我们曾有幸看见过好几个，其中，在贡比涅，理查·卡特先生的马厩给我们留下了特别深刻的印象。

图 47: 卡皮泰诺(Capitaine)III，盎格鲁-阿拉伯混血马，接受过比赛训练，曾多次在障碍赛马中获奖。J. 戴尔通拍摄。

地方像法国这样规律而系统地繁殖盎格鲁-阿拉伯马。因此，一些法国马学专家主张将盎格鲁-阿拉伯马改名为“法国纯血马”，如果法国的盎格鲁-阿拉伯马代表一个独特而统一的马种，一个仅只是其自身，而且由其自身繁殖的马种，就像英国纯血马，甚或小跑快步马那样，这种提法可能是准确的。但是，实际上，法国盎格鲁-阿拉伯马相互之间并不相像，外观形体不相像，来源也不相像。在一些盎格鲁-阿拉伯马身上，英国马的形体和血种占主导；相反，在另一些马身上，阿拉伯马的优势非常明显——这一切以非常多样的程度表现出来。在盎格鲁-阿拉伯马自身繁殖的同时，人们继续让它们通过与来源于阿拉伯和英国的马种杂交来繁殖，由此通过其他马来进行改良。

正是因为这种来源和形体的多样性，很难对法国盎格鲁-阿拉伯马进行概述。不过，可以说它代表英国纯血马和阿拉伯纯血马之间的一种中型马。它通常体格大于阿拉伯马，小于英国马；它比英国马更厚实、更协调健壮、更耐苦耐劳；它不如阿拉伯马迅捷、美观。

图 47 所示为英国马种的形体占主导的盎格鲁–阿拉伯马。人们喜欢将这类马用于体育运动，比如，用于障碍赛，甚至用于围猎。相反，在军事上，总体来说，在各种持续时间长的活动上，阿拉伯血统多于英国血统的盎格鲁–阿拉伯马，比如拥有 2/3 或 3/4 阿拉伯血统的盎格鲁–阿拉伯马更为合适。

蓬巴杜尔种母马场是盎格鲁–阿拉伯马的繁殖中心。种马场里种母马数量每年保持在 60 头，其中，在 1891 年，有 14 头英国纯血马、28 头阿拉伯纯血马和 18 头盎格鲁–阿拉伯马。种马场附属管理局的公种马同样属于这三个马种，它们首先服务于种马场的需要，然后分配到从属管理局的各个站点。在法国南方，特别是在比利牛斯地区，还存在一些小型的私人种马场，它们生产盎格鲁–阿拉伯马。

成功的盎格鲁–阿拉伯马是非常优秀、非常好看的马，但是，它们对于法国的重要性主要在于作为南方马种的改良者，和作为半血纯种马的种畜所起到的作用，其中塔尔布种畜或改良的比古尔丹种畜已经变得非常著名。

第四章　畜力马

布劳耐马

布劳耐马现在代表最典型的畜力马，尤其是重畜力马。但是，布劳耐马仅只是从 19 世纪初才逐渐形成今天独特的形体。在整个 18 世纪，它们还保留着骑士时代的战马特征，也就是说，它们还是坐骑马，尽管它们很笨重。

布劳耐马的繁殖中心在加来海峡省，特别是在滨海布洛涅的布劳耐城周围。但在索姆省、北方省、下塞纳省，以及周边省的交界地区也有饲养。作为畜力马，它们遍布法国北方各地，并且，每年都有大批来到巴黎。

布劳耐马以其强劲的肥胖和温柔、温顺但稍许怯懦的性格著称。它的体高在 1.60 米到 1.70 米之间。它的头相对来说不算大，但强健，下颌厚实，鼻根通常笔直；眼睛和耳朵都较小。颈部粗壮且肌肉发达，相当短，饰有茂密但不长的鬃毛。胸部宽大，鬐甲低而多肉，背部也有些低，但腰部强壮而短，臀部圆而多肉，且经常是双尻结构；尾部相当低，毛茂密，但不长。肩部不够斜。身躯一般短而呈圆形，两肋紧箍；由相对短而健壮的四肢支撑着，肌肉发达，关节明显。跖骨短，丛毛中等长度；四蹄坚实。毛色多样，但多数为灰色，不过也有不少枣红色和栗灰白相间的杂色。近期以来，人们在尽力生产黑色马。

布劳耐马被划分为两种：一种具有该马种的典型性格，“布劳耐马”专

图 48：皮克基尼（Picquigny），布劳耐马（Boulonnais），潘种马场公种马。J. 戴尔通拍摄。

指这类马，一般体更小，不粗大，性格和动作更活跃，外观更高雅；另一种可以称之为“布尔布尔马”，体格更粗大、更重、更软弱，这是同比利时弗拉芒马杂交的结果。第一种马是相当优秀的小跑快步马，第二种马只可用作步行马。布尔布尔品种的马只在北方省和临近比利时地区生产，但是现在正日渐消失，融入更符合时代需要的布劳耐马种中。

图 48 所示为布劳耐马种的布劳耐马。

佩尔什马

佩尔什马的名字源于佩尔什城，这是位于厄尔省、奥恩省和厄尔-卢瓦尔省三省交界处的一个小地方，它布满山峦，土地肥沃，牧场众多。

图 49：顾尔容（Courgeon），大佩尔什马，潘种马场公种马。J. 戴尔通拍摄。

一位法国学者[①]在叙述中称佩尔什马为塞纳河马（race séquanaise）[②]，认为它们在远古时代就已经存在于塞纳河流域，因此佩尔什马是法国最古老的马种之一。他的主要依据是，佩尔什马的颅骨与1868年在格勒奈尔采沙场发现的第四纪动物残骸中的颅骨相像。大多数马学专家不认同这一观点。相反，他们认为，佩尔什马完全是新近才产生的。诚然，佩尔什马19世纪初才变得著名。此前，佩尔什人饲养和使用的是牛，而不是马。根据法国一个很有权威的著名马学专家[③]的说法，佩尔什马是临近佩尔什一带的马种相互之间，主要是布劳耐马种同布列塔尼马种杂交的结果，事实上，佩尔什马与它们很相像。要确定这一点，只要比较一下图48、49、50、51和插图

① 安德烈・桑松，著有《论畜牧学》三卷，巴黎乡舍农业书店出版。

② 塞纳河的拉丁文名字。

③ Eug. Gayot，著有《关于马的一般常识》，巴黎费尔曼–帝舵书店，1883年出版。

XXXII 便一目了然了。在混合血统中，也可能有其他马种，例如诺曼底和布瓦特帆马种的血统；也有英国纯血半血马的部分血统。但是，佩尔什马，尤其是佩尔什邮政马独特的标志，要归功于东方种血统的注入，尤其是 1820 年代左右，两头灰色阿拉伯公种马在佩尔什城起到了很长一段时间的影响。

如同在布劳耐马中一样，人们在佩尔什马中区别出两种类型：大佩尔什马（图 49）和小佩尔什马，或佩尔什邮政马（图 50 和插图 XXXII）。第一种类型更像布劳耐马（图 48），第二类型更像布列塔尼马（图 51）。小佩尔什马（图 50 和插图 XXXII）身上由于直接或间接地注入了纯血马血统而变得非常高雅；在大佩尔什马身上，纯血马血统的影响很不明显。

某些马学专家声称，人们可以，而且确实经常有人把其他有亲缘关系的马种的小马改造成佩尔什马，比如，把布劳耐小马，通过简单的“佩尔什马化”，也就是说，把它们自童年起就置于本地佩尔什马的饲养条件下生活。他们保证说，这种转变很完整，被“佩尔什马化”的马与佩尔什马家族出生的马毫无区别。但是，根据我们从谙熟佩尔什马饲养习惯的人士那里获悉的情况，这种说法是绝对错误的，没有任何事实根据。

正如我们说过的，佩尔什城是繁殖和饲养佩尔什马的中心；但是，这个中心的范围逐渐扩大，现在远比几十年前更为广泛。佩尔什马的主要产地是：摩尔塔捏、贝莱斯莫、诺让勒洛特路、圣加莱、古尔塔兰和梦度步露；而在这些地方出生的小马主要在夏尔特平原接受训练和饲养，因此夏尔特城非常适宜想研究和购买佩尔什马的人。

大佩尔什马（图 49）正如我们说过的，很像布劳耐马（图 48），无疑，它是从布劳耐马来的。它的体高与大多数布劳耐马一样，也就是说，体高通常超过 1.60 米；它有着同样笨重的肥胖身躯，但四肢相应更长，形体看起来更高贵一些；性格通常更活跃，动作也更敏捷，虽然步履仍是正常风度。最常见的毛色是灰色和灰白色斑点，但是现在人们繁殖出许多深色毛皮的、枣红或黑色的佩尔什马。

小佩尔什马又名佩尔什邮政马（见图 50 和插图 XXXII），后面这个名字得名于铁路出现之前。这是佩尔什马中最实用的马种。它的形体令人想到昔日的布列塔尼畜力马（图 51），但更为贵族化；它的体高为 1.56 米到 1.60

图 50：维道克（Vidocq），佩尔什邮政马，潘种马场公种马。J. 戴尔通拍摄。

米，很少更高或更低；它的体格结构和谐，甚至高雅；头部典雅（参见图 50 和插图 XXXII）；眼睛有神，但通常不大；耳朵小；颈部短，但不笨重，也不多肉，饰有漂亮的鬃毛。鬐甲高于大佩尔什马。肩强壮，直多过倾斜；背部不长，腰宽而健壮，臀部肌肉发达，呈圆形；尾巴低垂；体形圆筒状，两肋紧箍。四肢相应高而健壮，肌肉发达，关节明显。节骨短，饰有小丛毛；四蹄坚实。毛色为灰色、灰白斑点和枣红色，少有黑色、栗色和栗灰白相间的杂色。它快步小跑表现优秀。

不幸的是，外国购买者，特别是美国人要求马匹体高块大，在这种需求的影响下，佩尔什邮政马变得越来越少了，而且让位给大佩尔什马。这实在可惜，因为小佩尔什马才是这个马种的光荣。

在同样的需求影响下，人们现在尽量繁殖深色毛皮、枣红和黑色的佩尔什马，为此不得不借助外国种畜来改变马种，照此下去，便损害了马种的完整性。

每年有许多佩尔什马来到巴黎，巴黎公共马车公司本身大约要使用15,000头。为数众多的佩尔什马被出口到国外，如英国、德国，最近十年主要出口到美国。

布列塔尼马

布列塔尼马一直享有美誉。如果根据形体判断，它们很可能都源于同一种源，但是土壤和使用上的不同造成的影响将它们分成两大类：滨海的平原马，体大健壮；山地马，更小、更轻捷。两大类又划分为多个地方品种。

在高大型的马之中，有两个主要的品种非常著名：莱昂品种和孔凯（Gonquet）品种。

莱昂品种饲养在菲尼斯泰尔和北滨海省的布雷斯特北部，圣波勒-德莱昂是繁殖中心。莱昂品种都是大型畜力马。它们的体高在1.50米和1.66米之间；体形厚重，但结构和谐；头部方形，稍显沉重，常略微扁平，但富于表情，且相当美观；眼睛大，腮与下颌多肉。颈部虽然厚实，但不沉重；鬃毛通常是双重的。背平，腰短而宽，强壮；臀部肌肉发达，双尻而下垂，尾巴茂密，下垂；身躯短且呈圆筒形，两肋弧形；肩厚而直；四肢精悍有力，关节发达，但筋腱往往过紧。足的球节与蹄之间的部分短，饰有长长的丛毛。四蹄宽大。毛皮为不同色调的灰色，常有见枣红色或栗灰白相间的杂色，黑色非常罕见。性情温和但热烈；迈步短，但活跃。

图 51：布列塔尼公种马，于 1867 年比扬古展览获一等奖。J. 戴尔通拍摄。

一般说来，圣波勒-德莱昂周边的马最胖、最高。在更向东的地区，在北滨海省，靠近圣马洛和拉尼翁的地方，马的体高很少超过 1.58 米，经常下降到 1.52 米，甚至 1.48 米；但是，它们的形体更紧凑，性格更热烈。它们的缺点是容易定期患肿痛病。

图 51 所示为圣马洛周边莱昂品种的一匹布列塔尼马。

孔凯品种的马饲养在布雷斯特西南部，靠近圣勒南、特勒巴呼和孔凯的地方。它与莱昂品种的主要区别在于身躯更低，通常不到 1.51 米，身材更矮、更紧凑。这个品种的马主要毛色为枣红色和栗色，少有黑色。

孔凯品种过渡为布列塔尼山地马，以“矮马”和“双尻矮马”著称。就形体而言，它们是同样的马，只是更小、更矮、更紧凑而已；它们的体高从不超过 1.48 米，通常保持在 1.33 米到 1.42 米之间。甘冈普、路德阿克，尤其是卡尔海克斯品种的马为最佳。

在布列塔尼荒原上，存在一个半野生的小矮马种群，它们精悍、瘦削，非常耐苦耐劳，这个种群很像现在还居住在荒原和吉伦特河南部地区的马（见下文“朗德马”）。

现在，布列塔尼的所有这些原始马种，只剩下一些地方偶尔的某些残存而已。一切都多少有了变化和改变。几十年以来，布列塔尼马种群已经由于纯血马在整个法国逐步蔓延而同样经受了改良。人们试验了阿拉伯纯血马、盎格鲁-阿拉伯纯血马，尤其是英国纯血马，而后是半血纯种马。但是，直到现在，在布列塔尼也没能达到在诺曼底所取得的明显效果。人们还没能创造出能与盎格鲁-诺曼底马相当的盎格鲁-布列塔尼马。可以说，布列塔尼马的转变还处于发酵阶段，最后结果要等未来来证明。我们有机会看到的盎格鲁-布列塔尼马没有任何特点；它们很像盎格鲁-诺曼底马，这毫不奇怪，因为纯血半血盎格鲁-诺曼底马作为繁殖和革新种畜现在在布列塔尼以及法国各地发挥着主导作用。据称，至今为止获得最佳成果的是诺尔佛尔克马。

普瓦图马

普瓦图本地马直接源于荷兰马，后者是亨利四世在位时，由一位名字叫萨利的荷兰工程师引进到普瓦图的，目的是拉动罗亚尔河口与查朗特河口之间的沼泽地干涸化工程。这些沼泽地被改变成了像荷兰马本土出身地那样的平原，也就是说，湿润而且覆盖着高大、鲜美而粗壮的野草。因此，这些马的后裔生活在和它们的父母在最初的祖国享有的饲养条件一样的环境下。

因此，布瓦特帆马至今仍保留着它们先祖的大部分特征，其外观很像图65所示的荷兰马。

头部同样长而窄，面额部略微呈钩形；颈部同样高而呈弧形；背部长而略微呈凹形，臀部长而下垂，尾巴茂密，但下垂；四肢同样长而相对细弱，四蹄宽而平，丛毛长而密。毛色同样主要为黑色或枣红-棕色。

从前，布瓦特帆马种广布于旺代地区，以及德-塞夫尔、查朗特、下查朗特诸省和下罗亚尔南部地区。人们认为布瓦特帆母马特别适宜繁殖骡子，因此整个马种被称为“骡子马种”。今天，在旺代沼泽地区，只剩下极少数纯种布瓦特帆马；总的说来，在法国各地盛行的杂交改良的影响下，纯种布瓦特帆马同样在迅速消失。

自某个时期以来，这种马已经混杂了布列塔尼畜力马的血液。但是，英国纯血马和盎格鲁-诺曼底纯血半血马使该马种发生了特别重大的变化。在这些马种的协助下，布瓦特帆马逐渐依据盎格鲁-诺曼底马的模板产生了变化。在普瓦图，已经存在与盎格鲁-诺曼底差别不大的一些品种。在这些品种之中，圣热尔韦和下查朗特的半血纯种马名声最响。它们在洛什福训练学校经过训练后，每年在巴黎马术比赛中都大显身手。不久之后，整个普瓦图马种群很可能发生同样的转变，尤其是普瓦图农民不再坚持保留他们的骡子马种，而很乐意接受这样一个事实：优秀的骡子也可以由其他马种的合格种母马产生。

第五章　坐骑马和轻畜力马

朗德马

这些小马的形体一般都相当美观，它们可以充当马种在食物不足和缺乏必要照料的情况下矮小化和愚钝化的典范。它们的名字源于几乎完全占据朗德省和吉伦特省南部地区的“landes”，即荒原。

图 52：马斯考特（Mascotte），朗德种母马，7 岁，体高 1.17 米，黑色。J. 戴尔通专为本书拍摄于巴黎外国动物驯化园。

它们的生存条件像西伯利亚吉尔吉斯马一样，就是说，生存在半野生状态下，全年过野外生活，专以脚下找到的枯瘦野草为生，并自由繁殖。荒原里的冬季不像西伯利亚那样严酷，但是相反，夏季里土壤远不如吉尔吉斯草原那样多产。

可能正是因此，朗德马要比吉尔吉斯马小得多。它们的体高通常不超过 1.30 米，而且经常只有 1.10 米，有时甚至是 1.00 米，而吉尔吉斯马的平均体高是 1.42 米。因此，它们不如吉尔吉斯马强壮，但耐力和耐劳性几乎是相当的。它们的体形同样瘦削，皮毛也同吉尔吉斯马一样粗糙，但是它们的体质结构不同：比较图 52 和插图 IV。

它们像吉尔吉斯马一样，在丰富的食物和适当的照料下，可以长得更高大，并且变得高雅。通过使用优秀的东方种公种马，比如阿拉伯马、盎格鲁-阿拉伯马，或改良后的比古尔丹马，可以把朗德马改造成适于轻骑兵的优秀乘用马。在达克斯城郊区进行过这类试验，而且取得了令人满意的结果：近年来，该地区的马的种群已经与比利牛斯平原马的种群非常相像。

卡马尔格马

罗纳河口的两条主要支流之间形成一个岛屿，以卡马尔格岛之名著称，自远古以来，这里养育着一种半野生马种群。这些马很像朗德马，但一般而言，它们体格更粗壮，身材稍高：1.30 米到 1.35 米之间。它们的头相对较大，眼有神，耳朵小而分离；颈部直立，细长，时有后倾状；鬐甲相当高，背经常是凸出的，腰长而宽，臀部短而下垂，有时锋利状；肩直而短；四肢精悍，瘦型肌肉，关节平弱；节骨短，蹄宽而平，但壮实。最常见的毛色是灰色斑点。

卡马尔格马以帮群，也就是所谓的“马纳德马群”的形式生存，每群由

20 到 100 头马组成，由一头公种马引导。它们自由生活，自由繁殖，以岛上泥沼中生长的野草为生。卡马尔格马主要的用途，几乎也是唯一的用途，就是用于脱谷，这是它们的专长，它们的生存目标。它们每年只工作一个月左右的时间，但是工作强度大，非常累，这主要是因为工作期总是在炎热的季节。这些可怜的牲畜每次劳作都累得筋疲力尽。人们曾尝试用其他品种的马取而代之，但是，任何其他品种的马都不如卡马尔格马那样耐劳。一旦脱谷工作结束，卡马尔格马便回到沼泽地过它们那种半野生的生活，直到下一次收获季节来临。

随着农业的发展，脱谷机器入侵卡马尔格岛，逐渐取代了卡马尔格马，使它们变得无用；卡马尔格马的数量减少，整个马种正在迅速消失。

某些学者认为，卡马尔格马自史前时代就存在于岛上。但是很可能，它们和法国南方其他马种源于同一种源，也就是说，它们来自从非洲和西班牙引入这些地方的东方种的马。

卡马尔格马从卡马尔格岛扩散到地中海沿岸邻近地区，自尼斯直到佩皮尼昂；在这些地区，卡马尔格马没有长久地保持它们种族的特征，在同其他马种杂交产生的影响下，它们很快发生了改变。

像朗德马一样——甚至在更高的程度上——卡马尔格马在受到足够的爱护或享有良好的食物的条件下，可以迅速地自我改良。

比利牛斯马和纳瓦里诺马

比利牛斯马的种群一方面源于阿拉伯人引入法国南方的东方种，另一方面来自此前生活在这里的本地马种。引进的马正是由阿拉伯人引进并扩展到西班牙南方的那些种类的马；至于法国比利牛斯本地的马，很可能属于以前

存在，现在也还存在于西班牙与法国交界地区的马种。在比利牛斯中央和东方地区，新的东方种的血统占主导地位，相反，在西部地区和下比利牛斯地带，原来的本地类型马仍占多数。

随着时间流逝，在总是以养马为荣的上比利牛斯形成一个真正东方种的马种，以“纳瓦里诺马种”之名著称，因为古代的纳瓦尔是这种马的养殖中心。

纳瓦里诺马种逐步扩展到周边地区。但是，下比利牛斯同西班牙以及他们的居民非常保守的习俗保持着更为密切的关系，因此对此抗拒的时间更长久。下比利牛斯马一直保持着更矮小、更强壮的体格，它们的头更重，常带有钩形，颈部更厚实，整个身躯更宽大，四肢结实粗壮。

后来，尤其在19世纪里，纳瓦里诺马种相继在阿拉伯马、英国纯血马和盎格鲁-阿拉伯马的种畜影响下，明显地有了进一步改变。阿拉伯马使马种变得高贵，英国马使其变得高大，但是后来因过分改变，使其变得太细弱。为了纠正这一缺点，人们采取用阿拉伯和英国纯血马交替杂交的一系列做法，最终又引进了盎格鲁-阿拉伯种畜，似乎收到的效果最好。

由此创建了新纳瓦里诺马种，也叫“改良比古尔丹马种”，更常用的名称为“塔尔布马种”。

新的马种平均体高为1.48米到1.54米，有时达到1.56米。它的头相当长，有时稍显笨重，但是非常富于表达；颈部灵活，足够长；鬐甲突出；背平或稍凹；臀部经常不够长，但宽而且肌肉发达；肩高而斜肌；胸部不太宽大，但有深度。四肢精悍，肌肉发达，筋腱宽松；关节宽而壮；节骨与蹄坚实。通常形体稍显瘦削。毛皮为暗色；如今以枣红色和栗色为主，尽管还有相当多灰色或带灰斑点的马。不如阿拉伯马迈步高，但步子更长。性格活跃，勇敢，同时非常温顺。塔尔布马不仅是优秀的轻骑马，也是非常好的挽力马。

图53所示为普通塔尔布母马。

最好的塔尔布马非常高雅；它们当中有一些外观像阿拉伯马，另一些因

图 53：迪亚娜（Diana），塔尔布种母马，11 岁，体高 1.50 米，灰杂色。J. 戴尔通专为本书拍摄于巴黎外国动物驯化园。

图 54：塔尔布阉马，4 岁，体高 1.52 米，枣红色。J. 戴尔通专为本书拍摄于圣日耳曼-昂莱军马局场。

为杂交时起主导作用的马种的影响，更接近英国纯血马。

图 54 所示为阿拉伯马和英国马的血统影响相对平衡，但英国血统占据某种主导作用的马（见头、颈部和整个马身前部）。

某些法国马学专家将塔尔布马和盎格鲁-诺曼底马相提并论，而且将它们列入半血纯种马之列。确实，对于马群的繁殖和革新，塔尔布马在法国南部起到的作用与盎格鲁-诺曼底马在法国北方起到的作用是同样的。就这点来说，将两者相提并论是准确的；但是，塔尔布马根本不是盎格鲁-诺曼底马意义上的半血纯种马。盎格鲁-诺曼底马是两种截然对立的类型，即东方种（英国纯血马）和西方种（诺曼底本地马）杂交的产物，两个血统的混合至今还不够完全，没有条件让这个混合的产物成为一种独特的马种。相反，塔尔布马身上的三种血统，即阿拉伯马、英国马和古代纳瓦尔马相互的血统非常接近，因为它们都属于东方种源，血统能轻易而迅速地融合。虽然塔尔布马还没有实现完美的一致性，但是人们已经可以将其作为一个马种来谈讨，因为它的品性更接近纯血，而不是半血纯种马。

在最近一段时期里，下比利牛斯马由于与同种的纯血公种马和塔尔布马种的公种马杂交，经受了类似的变化。但是，它们还保持着其先辈的身材，从形体看，它们更像西班牙的勒卡尔耐萝马（见图 67）。它们不那么美，更谈不上高雅，它们更矮小、更健壮；它们更胖，四肢更健壮、更厚实。它们身上有猎狐马或爱尔兰短腿马的元素，也能胜任那些马的工作。总之，它们是有极大用途的马，适宜于从事各种劳作。而塔尔布马通常只适合轻骑兵，下比利牛斯马经常被用于补充前线骑兵的军马。图 55 所示为（改良的）下比利牛斯马。

阿里埃治省的马与上比利牛斯马属于同一种源，但是因为生活在高山上，它们获得了山地马的全部品性。它们个头更小、更苗条，不如上比利牛斯马健壮，但是非常有耐力，动作非常稳健、轻捷。然而，同样是在上文提到的

图 55：下比利牛斯改良马（Cheval des Basses-Pyrenees ameliore），4 岁，体高 1.52 米，枣红色。J. 戴尔通专为本书拍摄于圣日耳曼-昂莱军马局场。

那些种畜的影响下，阿里埃治品种的马渐渐失去了其明显特征，而越来越混同为纳瓦里诺类型马。

由于国家公种马管理局和种马场管理总局得力而耐心的努力，类似的同化逐渐从比利牛斯省扩展到法国南方其他地方。很可能，这种同化在邻近诸省更为迫切。当同化工作在热尔斯省、上加洛纳省以及朗德省南部地区几乎圆满实现，它们的马已经变得与纳瓦里诺类型马大同小异时，在北方诸省，同化工作还处于发酵阶段，虽然同一类型的标志已经开始占优势，但是从细节上来观察，马群还是极其混杂的。在法国东部诸省 2/3 的地方，同化之风刚刚掠过，那里还是一个完整而混沌的马术世界。

科西嘉马

科西嘉马从形体来说很像朗德马和卡马尔格马，也像撒丁岛马。它们体格很小，体高通常不超过 1.35 米，有时矮到 1.00 米以下；苗条，但生性热烈，非常朴素而耐劳；大部分为黑色或栗色，有时为枣红色，很少有灰色。它们在丛林中过着半野生状态的生活，如同朗德马或卡马尔格马。

柏布马

柏布马生活在阿尔及利亚，据官方统计，如今大约共计有 15 万头。这是以阿拉伯人入侵法国南方时引进的马为基础创建的马种群。

在很长时间里，柏布马用于为法国骑兵补充军马，而后，用于为步兵军官补充军马。今天，柏布马只在阿尔及利亚和几处殖民地有人使用，尽管每年有一部分柏布马被引进到法国。1891 年，从阿尔及利亚引进 1173 头到法国，其中 932 头为公种马。柏布马在上文已有描述。

图 15 所示的马非常接近真正的柏布马类型（撒哈拉的柏布马类型），现在变得极为稀少。图 16 给我们展示了常见的柏布马。

第六章　盎格鲁-诺曼底马

诺曼底马种群，以及法国北方滨海的整个地区的马种群，源于9世纪末10世纪初由诺曼底人引进到这里的西方种的马。逐渐地，在地方条件的影响下，诺曼底马从布劳耐马中分离出来，并且自身形成了不同的马种：在芒什省，主要是在科唐坦半岛，有大个头的华丽马车马，在奥恩省勒梅勒罗各地有更为轻捷的乘用马。卡尔瓦多斯省的奥热罗诺马种居于前两个马种之间。

在路易十五统治末期，杜芭莉伯爵夫人引进头部明显呈钩形的丹麦马，形成一种时尚，这种类型的公种马被派往诺曼底，把它们的畸形传给了大部分诺曼底马。后来虽然费尽千辛万苦企图改正，但也没能完全达到目的，直到现在，钩形马头在诺曼底马中还相当普遍。

18世纪末，根据路易十六的马厩大总管朗柏斯亲王的命令，24头纯血半血公种马被从英国引进到诺曼底（披因种马场）。这些公种马可以说是如今的盎格鲁-诺曼底马种的首批奠基者。但是，事业刚开始，便遭到大革命的重大破坏。第一帝国时期，人们试图通过各种外国种畜来改良诺曼底马，英国种畜除外，因为当时英国对法国实行封闭；尤其是引进了西欧北方的许多公种马。结果立见成效：英国公种马留下的痕迹几乎完全消失了。在复辟时期，派往诺曼底的一些纯血英国种畜没有做出值得肯定的成绩，因为引进工作没能整体、系统地进行。

在路易-菲利普统治初期，诺曼底马是一种身体结构非常不和谐的牲畜。它的头部笨重，显出可怕的钩状和蠢态；颈部短而厚实，鬃毛下有一块脂肪垫；背部低而压紧；腰长而软；臀部平，饰有一条无力也无生气的尾巴；胸部船体般抬起；肩短；四肢细长，关节弱，膝弯成镰刀形。此外，皮厚，毛粗，且性格软弱。图56出自盖约和穆尔绘制的《图集》，展现了这个时代的诺曼底马的形象。

真正的诺曼底马重生并逐渐转变为盎格鲁-诺曼底马，仅仅是在1830年后才开始。从这个时期以来，种马场总局系统地实施通过纯血半血马和纯血英国种畜来改良马种的全部措施。不久，成效明显可见。20年后，诺曼底马几乎完全重生，并且开始形成当前盎格鲁-诺曼底马的类型。同样的体系无间断地运行，一直到现在，更加强了转变。现在，所有的诺曼底马都得到了改良。

不过，虽然体系在实施中没有中断，但在运用中，也有尝试性的时候；因此，出于进一步改良的目的，人们经常滥用纯血英国种畜，给产品输入了更多精致和高雅的特征，但反过来也夺走了它的个性、力气和耐力。这种滥用行为在19世纪50年代末60年代初给诺曼底马种群造成了很大伤害，使它们中间出现了一些过于纤弱、瘦削、软弱，不能承担本职工作的个体。直到现在，还不时有过于醉心于英国马的爱好者们在重复这类滥用行为。但是，种马场总局态度坚定，并在公种马站里广泛地使用纯血半血马种畜，反过来，非常节制地使用纯血马。在纯血半血马种畜中，首先是克利夫兰马，而后是诺福克马发挥着主要作用；但是现在，几乎在各地它们都被法国半血纯种马，被盎格鲁-诺曼底马中的精华取代了。

当代的盎格鲁-诺曼底马非常著名，不单在法国，在欧洲其他国家也很受推崇。大多数的马身材高大、健壮，并且适宜各种用途，像法国人所说的那样，是“多种用途”的马。勒梅勒罗、科唐坦等昔日马种在血统融合中消失了。不过，这不意味着盎格鲁-诺曼底马变成了一类形体一致的牲畜。完全相反，它们中间个体品类的特征非常明显，根本不可能认为这些马属于一个确定的单一种，甚至不可能对其进行概述。

图 56：尼热（Niger），盎格鲁-诺曼底血种；潘种马场公种马。J. 戴尔通拍摄。

它们有的外观接近纯血马，例如当前许多快步小跑马，以及最高雅的坐骑马。有的像英国和爱尔兰猎狐马，它们是最受前线和预备骑兵军官青睐的马。它们之中还有的拥有城市装备的挽车马的全部品性；在巴黎，可以看到许多这样的马在爱丽舍田园大道散步；它们通常是身材高大、非常健壮的马，不是很高雅，但却往往是很精彩的马。对我们而言，最后这类马是盎格鲁-诺曼底马中最好、最有用的代表，正是它们赢得了声誉。图 56 为这种马的画像。最后，还有些盎格鲁-诺曼底马的形体毫无疑问被一定数量的纯马种血缘高贵化了，因而被列入重畜力马；我们在国家公种马局看到许多马很像佩尔什马和布劳耐马；甚至有些马是双尻臀部；纯血马的影响只表现在头部。

在这四种类型之间，存在着各种程度上的过渡性的马。必须承认，有一大批“脱线”马，也就是说，构成这些马的元素没有足够合并，致使它们像由两个不同部件“焊接起来的”。

然而，尽管存在这样的形体上的个体差异，在所有的，至少是在大部分盎格鲁-诺曼底马中，都存在某些特征，使行家一眼便能认出它们。

最普遍的毛色是各种色调的枣红色：从深黑的枣红色直到非常清淡的金色枣红色；很少是栗色。人们现在开始生产黑色马；灰色已不常见。

我们已经多次强调盎格鲁-诺曼底马的种畜在法国，尤其是在北半部马种群的再生中发挥的重要作用。在南方，盎格鲁-阿拉伯马和纳瓦里诺马的种畜直到如今仍起着主导作用。然而，盎格鲁-诺曼底马的领域越来越广泛，逐步地进入各个地方，而盎格鲁-阿拉伯马和纳瓦里诺马几乎局限在法国南部盎格鲁-诺曼底马。为了弄清楚这一点，只要查阅一下特批和许可的国家公种马年度统计便确信无疑了。

可以说直到现在，在法国北半部，不存在任何完全不受盎格鲁-诺曼底马影响的马种。在诺曼底，盎格鲁-诺曼底马完全取代了古老的马种。布列塔尼马和布瓦特帆马种主要在盎格鲁-诺曼底马的影响下发生改变；所谓的盎格鲁-布列塔尼马和盎格鲁-布瓦特帆马像是混合于盎格鲁-诺曼底马之中了。甚至，布劳耐马和佩尔什马也不再免除盎格鲁-诺曼底马血种的影响。现在，只是在东部诸省盎格鲁-诺曼底马的影响较小；但这只是时间问题了。

如果说直到现在一切都算顺利，必须料到：几十年后，也许更早，整个法国北半部的马种群将会根据盎格鲁-诺曼底马的类型重建，很可能，这个种群本身要发生转变，而且，将不再是同样的种群。

这将是种马场管理局为法国做出的重大贡献，因为毫无疑问，我们谈过的法国马种群的这种重生主要是依靠管理局坚持不懈、聪明智慧的努力得来的，这是对那些宣称政府应当完全放开对养马业的监控的人予以反击的非常强有力的论据。

第七章　法国小步快跑马

在结束这一部分之前，我们还想谈一谈法国小步快跑马，这种在法国还非常新颖的马特别令我们感兴趣。

系统地饲养法国小步快跑马始于路易-菲利普时期，但是，仅仅是在拿破仑三世时，它们才受到法国政府的官方保护。

当前法国政府宣称，为了鼓励饲养公益小步快跑马，每年为快马比赛补贴大约 30 万法郎。

法国小步快跑马的主要先祖之一名叫“库尔德”，它是拿破仑一世时由当时的驻伊斯坦布尔大使塞巴斯西亚尼将军从库尔德斯坦国引进的公种马。库尔德可能是东方种纯血马，但是，其体形更接近土库曼类型的马。库尔德和阿拉伯种母马结合生下了母马“火星”（1817 年），“火星”同英国纯血公种马**底格里斯**生下了**勒达**（1827 年）。后者同英国纯血半血公种马**佩尔佛莫**生下了**爱克里普斯**公种马，它体小（躯高 1.53 米），但体形很美，小步跑很快（它很可能因此有了著名的英国马的名字）。

爱克里普斯和库尔德的另外几个后裔成为了创建法国小步快跑马的基础。后来，为了获得更快的速度，人们广泛地借助英国纯血马；但是因为不满足于结果，又千方百计地在俄罗斯和美国快马中寻找种畜。人们最初喜欢俄罗斯马，而现在美国马开始占优势。

简言之，法国快马的血液中含有一定数量的东方种的血统，少许诺曼底血统，很多英国血统，而现在多多少少含有俄罗斯快马或美国快马的血统，或二者兼有。

通常，它们身材比其他盎格鲁-诺曼底马更小，但外形更高雅，而且往往非常美观。它们的快跑方式介于俄罗斯快马和美国快马之间：它们弯起膝盖，前脚抬起的高度超过美国快马，但远不如俄罗斯快马。在特殊情况下，它们的速度相当快；例如，母马卡普西纳的速度能够达到每公里1分36秒（一流的俄罗斯快马的平均速度）。但是总的说来，它还不够发达，不足以让法国快马同最好的俄罗斯快马或美国快马竞争。对我们而言，主要原因是法国人还不善于为赛马饲养和训练他们的快马。

在管理局国家公种马中，有相当数量的快马，其中有些源于俄罗斯；但是，我们还没见到过美国快马。

现在，在法国，有许多私人种马场专门饲养快马。其中大部分在诺曼底。最古老、最著名的私人种马场之一是在勾阑古尔的维桑斯公爵的种马场。

最近几年建立的主要使用俄罗斯种畜的种马场中间，人们应该知道这些名字：宫斯布尔种马场、桑波端种马场、阿贝尔和贝兰热种马场，以及马尔里-勒-鲁瓦种马场。

在法国，尤其是在诺曼底，快马比赛的赛马场数量很多；在巴黎周围有两个，一个在万塞纳，另一个在纳伊-勒瓦鲁阿。

管理饲养快马的最大的公司是“**鼓励半血纯种马公司**”，其总部在卡昂和巴黎。

第五部分

德国马

1883年，德意志帝国拥有3,522,545头马，大约每100人7.8头马。经历二十年和平之后，这个数字理应大大地增加了。

德国的气候和土壤可能不如法国适宜养马，但是相反，德国人，尤其是东部的德国人对马的兴趣，以及对马的了解超过法国人。其次，在德国，作为封建时代的遗产，保留了许多庞大的土地财产，这些地方一直重视养马。现在，在德国还存在许多规模不等的私人种马场；其中许多种马场属于构成德意志帝国的公国和王国的在位君主。由于这些原因，私人方面对养马业的积极倡导在德国远比法国多。就这一点而论，德国处于英国和法国之间，英国养马业完全掌握在私人企业手中，而在法国，政府领导一切。

第一章　德国马的起源

德国的原始马个头小。恺撒觉得它们强壮，且有耐力，但比高卢马更小。以前存在于德国的野马群像俄罗斯的草原马群。18 世纪末，不仅在普鲁士，而且在威斯特伐利亚和莱茵河诸省，都还能看到这类马群的残余。它们成为狩猎对象，其中一次，很可能也是最后一次狩猎，1829 年 9 月发生在威斯特伐利亚。不过，在这个遥远的时代，德国的马数量不是很多，因为直到法兰克人到来之前，条顿武士一直是步下服役。仅只是在 9 世纪之初，查理大帝治下，我们才看到德国骑兵的出现。在中世纪封建制度时代，德国的马不仅在数量上，而且在质量上都有巨大的提高。

骑兵部队和十字军东征对德国产生了与在法国和英国一样的影响。骑士们创建了大量身材高大的战马；十字军将许多东方种的纯血马引进到德国。在普鲁士，尤其在普鲁士东部地区，骑士们建立了许多种马场，并且从荷兰、丹麦和图林根引进种畜配备给种马场。这些种马场对普鲁士养马业产生巨大影响；普鲁士马的名声始于这个时期。后来，像在欧洲各处一样，德国引进了许多那不勒斯马和西班牙马，它们在查理五世时代（16 世纪初）作为种畜发挥了主要作用。但是，到了 17 世纪，在部队引进火器以后，人们已经不得不放弃大量的坐骑马，取而代之的是更轻捷、更迅速的马。昔日的战马不得不戴上鞍辔。

历史上德国一直是富有种马场的国家；但是，自 17 世纪以来，特别是在“三十年战争”之后，马的种群大量死亡，而种马场的数量大量增加。在 18 世纪，德国建立了最著名的国家或帝国种马场：1732 年，在普鲁士建立特拉柯南种马场（距离俄罗斯边界不远），并在诺斯塔德（位于勃兰登堡）建立弗雷德里克-纪尧姆种马场；在巴伐利亚州有紫薇布鲁根种马场（1750年），在哈诺夫尔有埃伦豪森种马场。正是在“三十年战争”之后，麦克林堡创建的马种在享有普遍的名声之后，已经完全消失了。

拿破仑一世的多次战争产生了巨大的破坏性；但是，随着和平的到来，养马活动重新活跃起来，可以说，获得了新的飞跃。现在，德国是马匹最丰富的国家之一。自从新帝国的建立以来，普鲁士甚至在马的生产方面取得了明显优势。

第二章　国家监控与参与马匹生产

德国政府管理养马业的方式与法国和欧洲大陆其他大国一样。现在，我们简要地介绍一下普鲁士种马场的管理机构。

像在法国一样，普鲁士种马场管理局从属于农业部。公种马管理局和国家种马场是政府管理马匹生产的主要机构。但是在普鲁士，种马场的影响更大，因为普鲁士的种马场比法国数量更多，马匹也更多。在普鲁士，国家拥有三大种马场，分别位于特拉柯南、格拉迪兹和贝拜耳北科，还有大约15所公种马管理局。

1883年，在三大种马场里，有650头种母马，在15所管理局里，大约有2000头公种马（规定的数字）。差不多一半的公种马由国家三大种马场提供给管理局；余下的（大部分）向本国私人饲养者购买，部分从国外购买。如同在法国，管理局的公种马在年内某个时期被分配到各个所站，低价为饲养者服务。

同样，“特批”的公种马因其贡献而获奖，所有用于公益配种站的公种马都要通过卫生委员会检查。

国家对于马术比赛中表现出众的马、多产的种母马以及出生良好的小马也都给予奖赏。

在属于国家的三个种马场中的两个种马场，即特拉柯南和贝拜耳北科种马场，人们饲养半血纯种马，它们血液中含有阿拉伯和英国纯血马的血统，但英国纯血马的血统更多。可以认为，在特拉柯南马中，英国纯血马的血统占50%，约25%是阿拉伯纯血以及同样数量的本地马的血统。在贝拜耳北科马中，混血比例大致相同（几年前关闭的弗雷德里克-纪尧姆种马场的马都转运至此）；然而，这里英国纯血马理应更多。在第三个国家种马场，格拉迪兹种马场，现在只生产英国纯血马。

显然，国家种马场派送到公种马管理局的种畜，也就是说，公种马管理局大约一半的种畜或是含有丰富的英国马血统的半血纯种马（多数），或是英国纯血马（少数）。大多数私人种马场为管理局提供另一半公种马，所有特批的公种马也以国家为榜样，主要生产含有丰富英国马血统的半血纯种马，或纯血马。只是近几年，开始有一些私人种马场饲养重畜力马，但是直到现在，这只是少有的例外。

因此，普鲁士马种群的革新像在法国一样，主要是在纯血半血马种畜的影响下实现的。在普鲁士，半血纯种马的作用，甚至比在法国更有决定意义。因为在法国，管理局 1/4 的公种马和特批的公种马属于重畜力马；而在法国北部地区，重畜力马几乎占种畜的一半。

特拉柯南类型，或东普鲁士类型的马在半血纯种马中占优势，也就是说，混血马的血液中含有 50% 英国纯血马的血统、25% 东方种的血统和 25% 本地马的血统。因此，其本性以及外观大不同于法国盎格鲁-诺曼底马，相反，它更接近法国南方的种畜塔尔布马。

东普鲁士类型的纯血马作为种畜在普鲁士所起的作用，同盎格鲁-诺曼底马在法国北方、塔尔布马在法国南方所起的作用完全一样。逐渐地，它将整个普鲁士马种群同化成它的类型。可以说，在东部普鲁士，同化已成为既成的事实，因为现在那里剩下的本地马种的马很少（见下文），正是因为这个理由，人们把我们谈论的半血纯种马统称为“东普鲁士马”。在西普鲁士和宝森，同化也取得了很大进展；它推进到东西里西亚，而在这个省的西部，则以饲养适用于农业的马为主导。相反，在布朗德堡（尽管这里是普鲁士的中心），在波美拉尼亚，在普鲁士萨克森，在赫斯-那艘，在威斯特伐利亚，以及莱茵河诸省，这种革新的进展很慢；所有这些地方的马种群还很混乱，很混杂。汉诺威和思来斯维格-豪尔斯坦的马属于完全独立于东普鲁士马类型的马种。

在构成德意志帝国的其他州的养马业中，普鲁士马的优势影响也很明显；军马局军事委员会在这种影响中起到了强有力的中介作用，尤其是因为2/3以上的德国马种群属于普鲁士。

在德国的各个州里，只有奥尔登堡和符腾堡值得单独一提；其他各处的养马业还非常不发达。除了普鲁士，任何地方都不拥有州种马场；某几个州有朝廷种马场，但是，几乎在所有的州里都存在公种马管理局。

在德国古老的马种中，曾有几个以前著名的，但是现在只剩下零散的残余，在本章末，我们将谈及它们。几乎所有的马都由于与纯血马或半血纯种马杂交而被改变了，近期主要是同英国马种杂交。

今天，在德国几乎不存在农业和运输所不可缺少的重畜力马。最近，人们开始行动起来纠正这种状况；但是，这场运动的进展，还不足以使人们可以期待短期内获得令人满意的效果。国家期望的唯一目标是创建尽可能多的适宜军用的马；在这方面采取了强有力的措施，由此阻止其他类型的马匹的生产。私人的倡议还非常薄弱，不足以抵制这种思潮。直到现在，德国还不得不从国外，如法国、比利时和英国引进重畜力马。

在德国现在饲养的马匹种类之中，知名的有：英国、阿拉伯和盎格鲁-阿拉伯纯血马，东普鲁士半血纯种马，汉诺威马，奥尔登堡马，思来斯维格-豪尔斯坦马（德国唯一的重畜力马），以及某些残存下来的分散而且数量不多的原始本地马。梅克朗宝马种在19世纪初曾很有名，现在已经不复存在：由于同英国纯血马轻率地杂交而完全消失了。

第三章　阿拉伯、英国和盎格鲁-阿拉伯纯种马

这三种纯种马主要由国家的三个种马场饲养，目的在于创造和改良半血纯种马。在所有种马场中，英国纯血马占多数；正如我们说过的，格拉迪兹种马场专门用于饲养英国纯血马。

其次，这三种纯血马在许多私人种马场中也有饲养，分散在德国各地，而在普鲁士王国诸省数量特别多。有的种马场饲养三种纯血马，也有的专门生产阿拉伯马，或英国纯血马。以前以阿拉伯马居多，但现在英国纯血马数量远远更多。

在饲养阿拉伯纯血马的种马场中，符腾堡种马场在它那个时代非常著名。它是由纪尧姆国王于 19 世纪初在斯图加特郊区建立的。在 45 年时间里，种马场引进了 38 头公种马和 36 头阿拉伯母马，它们是由真正的行家选择，不惜花大价钱购买到的。在饲养过程中，直到最细节的方面，都尽量模仿阿拉伯的饲养者，例如，在每日喂食的定量燕麦中，为每匹马加入 1/4 到 3/4 的青稞。在这种条件下，种马场很快获得了交口称赞。最著名的是由公种马白拉科塔尔和种母马哈斯弗拉、爱尔康大、萨克拉、木拉纳、盖蓝和阿布鲁路等留下的后裔。但是，在纪尧姆国王死后，种马场开始衰败，逐渐地被解散了，现在只剩下某些残余而已。

在这个阿拉伯纯血马种马场旁，靠近斯图加特，存在另一个朝廷种马场，为王室马厩饲养非常出色的畜力马，它们有三种鲜明的毛色：枣红色、灰色和黑色。枣红马源于阿拉伯公种马同猎狐马类型的英国半血种母马的杂交；灰色马源于阿拉伯公种马同爱尔兰和约克郡种母马的杂交；黑色马源于阿拉

伯马、英国马、汉诺威马和特拉柯南马的混血。在纪尧姆国王死后，为了增加马的体高，种马场引进了盎格鲁–诺曼底种畜；目的达到了，但是马匹失去了高雅和形体的美观。

第四章　东普鲁士马

东普鲁士马是纯血马，含有大约50%英国纯血马的血统、25%阿拉伯马的血统和25%本地马（立陶宛马）的血统。

东普鲁士马的高级形态可见于特拉柯南马，它们创造了东普鲁士马，在自我同化的同时，也作为种畜改变着东普鲁士的马匹种群。今天，同化几乎完全完成，这类马可以名副其实地称作东普鲁士马（Ost-preussien）。今天，不仅特拉柯南马，而且还有东普鲁士马都在普鲁士其他省份被用作起同化作用的种畜。不过必须指出，真正的特拉柯南马一直享有重大的优越性。

在上文中，我们已经说过如何在普鲁士其他地区进行马种革新。

东普鲁士马在普鲁士马种革新中发挥了主导作用，特拉柯南种马场是这种马的摇篮，稍微仔细研究一下这个种马场的历史将会很有意义。

正如我们说过的，特拉柯南种马场位于俄罗斯边境不远处（伊资库合楠附近）；它是于1732年由地方上多个小种马场合并建立起来的，开始时，拥有513头种母马，共计1101头马，其中大多数属于普鲁士骑士改良后的本地马种；后来，加入了从私人饲养者手里购买的一定数量的公种马。10年后，种马场在1742年从波西米亚引进281头那不勒斯马，它们在后代身上留下了非常明显的痕迹；再后来，种马场获得了土耳其、英国和丹麦公种马。此后，特拉柯南种马场主要饲养挽车马，它们健壮、有耐力，且速度相当快。

在弗雷德里克-纪尧姆二世治下，种马场完全摆脱了对于繁殖要求来说不健康或不适宜的因素；人们转而从东方，从英国和紫薇布鲁根购进公种马

图 57：特拉柯南马（Trakehnen），黑色挽车马变种。

（紫薇布鲁根种马场于 1750 年在巴伐利亚建立，当时以源于本地马种与土耳其和阿拉伯马的杂交而著称）。拿破仑一世的入侵严重破坏了种马场，致使和平之后必须全面重建；为此，种马场从英国、土耳其和其他东方国家引进了大量的公种马和种母马。

简言之，18 世纪下半叶和 19 世纪初，东方种在种马场里变得越来越占优势；自此以后，直到今天，相反，是英国纯血马发挥首要作用。我们已经看到最后的结果：大约 50%（只多不少）是英国纯血马的血统，25% 东方种的血统和 25% 本地马的血统。

11 年前，在特拉柯南种马场有 15 头公种马和 300 头种母马；此后，种母马增加了 50 头。

图58：东普鲁士私人种马场的东普鲁士种母马，乘用马变种，带有灰色斑点。照片。

在特拉柯南种马场有如下五个马种：轻型乘用马、重型乘用马、黑色挽车马、枣红色挽车马和栗色挽车马。

如同我们说过的，特拉柯南马是东普鲁士类型的马中的最佳代表。

图 57 为黑色挽车马的画像。

为了区别特拉柯南马和其他马，人们会在其右侧大腿上用烧红的铁烙铁烙上驼鹿角的标志（图 57 没有绘制此标志）。

东普鲁士马属于私人饲养，但源于特拉柯南公种马与母马交配的，在同样地方有一个下方呈圆形的花冠标志（在西普鲁士，源于私人母马与国家种马场的公种马交配的马带有花冠标志，下面有一条横线限制）。非直接源于特拉柯南公种马的东普鲁士马不带任何标志。图 58 描绘了这类马（乘用马类型）。

东普鲁士马体格相当高，1.60 米到 1.70 米；体质健壮，比例和谐，性格温顺，非常适宜用于军务，有耐力，足够迅捷。在普鲁士，行家们声称，东普鲁士马身上不同血统混合的比例正符合优秀骑兵马所需要的。稍微多一点英国纯血马的血统，可能就太多了。

以前，诺斯塔德的弗雷德里克-纪尧姆种马场按着特拉柯南种马场的做法行事，却不大成功；自 1877 年以来，这个种马场转到贝拜耳北科种马场（在赫斯-那艘），业务远非顺利。

在格拉迪兹的第三家国家种马场可能用途更少，因为当种马场几乎专门饲养英国纯血马时，当地居民（普鲁士萨克森）只需要农耕用马。

第五章　汉诺威马

位于北海沿岸的欧洲大陆国家富于肥美的草原，因此非常适宜饲养身高体大的马。汉诺威、奥尔登堡、荷兰、丹麦和思来斯维格-豪尔斯坦长久以来以生产这种马而著称。正是这些国家向比利时、法国和英国输送了重畜力马。

汉诺威西部地带位于荷兰和奥尔登堡之间，以“东弗里斯”的名字著称（荷兰边界地区称作“西弗里斯”），在中世纪时期已经以其高头大马闻名遐迩。但是，汉诺威高大的挽车马在17世纪变得尤为出名，在同一世纪末和18世纪期间，通过同从英国引进的种畜杂交，创造了身高体大的坐骑马。再后来，也使用英国，特别是纯血马做种畜来改良挽车马，使之变得更高雅、更美观，但是失去了块头和力气。但是，改良事业由机敏者操作，他们善于利用汉诺威同英国的亲密关系，致使汉诺威马规避了麦克林堡马的命运：它在保持其典型形象的同时实现了自我改变。

在汉诺威归并到普鲁士后，汉诺威诸位国王原本特别重视饲养的乘用马在数量和质量上都大大减少了。但是，鞍辔马的生产一直很昌盛。在汉诺威，至今还存在一所国家种马场，即距离汉诺威城几公里的埃伦豪森国家种马场，它在汉诺威诸位国王治下是属于朝廷的。但是，在汉诺威的马匹生产中，它从未起过重要作用。相反，马匹生产一直以来，直到现在都处于1735年建立、每年拥有二百多头公种马的采勒公种马管理局的重要影响之下。

汉诺威缺少大型的私人种马场，并且，马类的饲养几乎单只掌握在小业主手中。

图 59：汉诺威种母马（Jument hanovrienne），栗色。曾参与柏林赛马。

正如我们所说，汉诺威现在主要饲养高大的挽车马；它们之间有普通畜力马，但也有很高雅的马。

图 59 所示为这种马的画像。

它们很美观，但有点软弱，且耐力差；它们的主要缺点是生长缓慢，直到六七岁才完全长成。

更重型的重畜力马由汉诺威西部地区提供，以东弗里斯马的名字著称。

在埃伦豪森种马场还残存着一些豪华马种，它们是汉诺威以前特有的马种，特别是黑色华丽马车马和全白色的华丽马车马。

第六章　奥尔登堡马

奥尔登堡马可能同汉诺威马源于同一种源。在这两个地方，气候、土壤和饲养体系等条件也是一样的，因为在这两个地方，主要是拥有小块土地的劳动阶层负责养马。

但是，在奥尔登堡，人们没有尝试通过英国纯血马促使本地马种变得高雅；人们满足于半纯血马，致使奥尔登堡马较之汉诺威马更像乡村类型的马。

图 60：奥尔登堡马，枣红色。照片。

当前的奥尔登堡马是本地马同英国半纯血马种畜杂交的产物。1820 年，从英国引进的、种源不明的枣红-栗色公种马产生了巨大影响；后来，引进了克利夫兰和约克郡公种马。

奥尔登堡马不如汉诺威马高雅，但是更强壮，且更高大。它们的体高是 1.75 米到 1.85 米。通常头面部直，但有时轻微呈钩形；颈部中等长度，稍宽，但相当高；胸部宽而深；鬐甲低，背部长，柔软；臀部圆筒状，尾巴高举；肩位好；四肢健壮，但蹄子宽而脆弱。一般情况下肌肉发达。皮毛以枣红色居多。性格温顺；步履优美，短距离时活跃，且相当迅捷。

较之汉诺威马，奥尔登堡马生长快。它们之中很少有能胜任乘用马的。人们把它们都当作挽车马来饲养。它们作为鞍辔马看起来不错；但是，沉重的活计和长途旅行会使它们很快衰老。

图 60 所示为优秀的奥尔登堡马画像。

思来斯维格-豪尔斯坦马

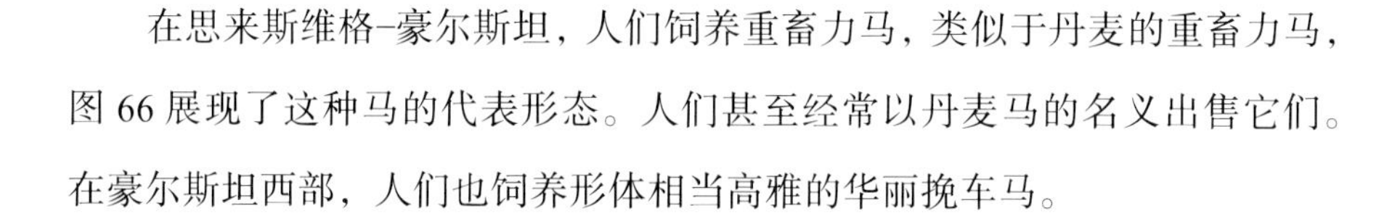

在思来斯维格-豪尔斯坦，人们饲养重畜力马，类似于丹麦的重畜力马，图 66 展现了这种马的代表形态。人们甚至经常以丹麦马的名义出售它们。在豪尔斯坦西部，人们也饲养形体相当高雅的华丽挽车马。

第七章　残存的原始本地马种

德国只留下极少数本地马种的马。

在马祖尔人居住的东普鲁士地区，以及在梅麦尔和提尔西特郊区，还存在一定数量的古老的“立陶宛马种”。这是一些外观优美的小马，头部相应大，颈部短。它们很可能与俄罗斯边界省份的马有同一种源。然而，很难说还能找到多少全纯血马。总而言之，它们的日子不多了。

在德国另一端，在巴伐利亚南部，我们还能看到平茨高马，我们在本书开头已经描述过这些西方原始类型的纯血马（见图 12），在谈到奥地利马时，我们还要再谈到它们。

也是在巴伐利亚，在慕尼黑附近的菲尔德莫琴村，奇迹般地保存下来一小群原始马，它们属于完全相反的类型，也就是东方种的马。

这就是德国目前残存的所有古老的原始马种。

第六部分

奥匈帝国马

奥匈帝国马种群数量达到3,500,000头，也就是说差不多每100人拥有约10头马。在这个数目中，大约2,000,000，或几乎2/3属于匈牙利，只有1/3多一点，亦即1,548,197头马（1800年统计的数据）属于奥地利。因为一半的奥地利马属于加利西和碧高维诺（加利西本身约有700,000头马），人们可以计算为，与俄罗斯接壤的帝国东半部拥有整个奥匈帝国马种群的6/7。

第一章　奥匈帝国马的根源

奥匈帝国大部分本地马与俄罗斯马源于同一东方种源。在匈牙利、加利西、碧高维诺、溪雷系和摩拉维亚，那些马都令人想到俄罗斯的农用马（图26、29、30和31），它们个头小（1.24米到1.50米），它们的体形瘦削、精悍，或准确地说是瘦（因为缺乏足够的食料），它们瘦弱的躯体虽力气不大，却蕴藏着非凡的耐力和精力。特别是因为这些马中有大部分的祖先来自东方，也就是说来自俄罗斯，而且每年都会从上述地方引进俄罗斯马，直到现在还持续不断，这种相像性就不难理解了。

在波西米亚和在奥地利本身（在奥地利大公国），马的特征发生了变化。它们身材更高大，体形也变了。在查理五世及其继任者治下，在奥地利同西班牙和意大利联合朝廷执政期间，这两个省份的马种群强烈地受到西班牙和那不勒斯马的影响，在这方面，远比欧洲其他任何国家都要明显。这种影响造成的可见痕迹一直持续到今天。

在波西米亚，克拉德鲁博种马场的马至今毫发无损地保持着昔日西班牙马的全部特征。波西米亚以其强壮而高大的鞍辔马享有盛誉。最好的马饲养在舍鲁迪牧区（舍鲁迪牧与克拉德鲁博都位于帕尔杜比兹邻近地区）；在它们的血液中，不仅含有西班牙和那不勒斯血统，也包含着英国、麦克林堡和豪尔斯坦血统。

在奥地利大公国，马尔斯斐乐德畜力马非常著名；它们的形体不一，但是个头大、速度快；在维也纳马车马中有很多这样的马。

在萨尔兹堡地区，在斯提利亚、卡林西亚、蒂罗尔等地以及上奥地利部分地区，到处是平茨高马种的重畜力马，我们在谈到西方种或诺里克类型的马时已经详细描述过。这是奥匈帝国唯一的重畜力马。

前文图 12 所示为最佳的平茨高马的典范。

在其他多少能够自成一类的本地马种中，值得一提的有漂亮的小矮马，它们生活在达尔马西和属于伊斯特里亚的维格里亚岛；它们的祖先是在 18 世纪从科西嘉岛引进的。小山地马矮壮而有耐力，以“胡祖尔”的名字著称，它们生活在碧高维诺的喀尔巴阡山上，以及加利西边界地区；它们的体高是 1.24 米到 1.35 米。在麦蓝附近，蒂罗尔地区的哈夫林马个头稍大，但体质和精神秉性都很相像；人们认为，它们是在查理四世治下（1342 年）从勃艮第引进的马。

种马场的马，见下文。

一般说来，奥匈帝国的居民都非常喜欢马，尤以匈牙利人和斯拉夫人为最。首先是奥地利政府，其后是奥匈政府，都特别关心马群生产问题。但是，帝国的混杂组合没有对养马政策产生重大影响。这里缺乏法国和普鲁士那样的统一系统措施，无法借以创造总体类型，并依据这些总体类型，促使全国马的种群逐渐改变。在奥匈帝国，国家种马场和许多私人种马场都能生产优秀的马。但是，每个种马场根据自己的计划生产，获得的效果多种多样。因此，在奥匈帝国，直到现在，也没能创造出类似法国盎格鲁-诺曼底马，或德国东普鲁士马那样的类型。还要补充说明的是，在奥匈帝国，偏爱元素起到了太大的作用，甚至在国家种马场亦然。就此而言，它更像俄罗斯，而不是法国或德国。

奥匈政府的主要目标如同法国和德国一样，就是创造出擅长服务于军事的马。在不久以前，种马场的管理还完全掌握在作战部手里；所有的国家种马场都是军事种马场，所有的公种马管理局都是军马补充管理局。一直到 1869 年，种马场的管理才交给了农业部。军事种马场转变成国家种马场，军马补充管理局转变为国家公种马管理局。但是，管理局的领导人员直到现在仍是军人，因为一直是管理局在购进和保留特定时间内为军队服务的马。

法国和德国使用的所有鼓励马匹生产的办法，奥匈帝国都使用了：准许以奖金奖励私人公种马、检查所有用于公共配种站的公种马、给马术比赛颁奖等等。

奥地利和匈牙利分别拥有独立的种马场；其次，克罗地亚-斯洛文尼亚拥有自主的种马场管理局。但是，在帝国的这三个地区，管理规则是同样的。

第二章　种马场和公种马管理局

国家现在拥有六个种马场：四个在匈牙利，两个在奥地利。在匈牙利，有阿拉斯区的麦枣尔吉斯种马场，有科莫恩区的巴保尔纳种马场，距离巴保尔纳不远的季斯贝种马场，自1874年以来，还有外斯洛文尼亚的佛戈拉斯种马场。在奥地利，有碧高维诺的德勒乌齐种马场和斯蒂利亚的皮贝尔种马场。另外，在奥地利有两个大型朝廷种马场，一个在波西米亚的克拉德鲁博，另一个在特里埃斯特近郊的里皮扎。

麦枣尔吉斯种马场是国家最大的种马场。从其规模和饲养体系看，相当于普鲁士的特拉柯南种马场。它效法后者，生产枣红色、栗色、黑色和灰色四种毛色的挽车马和坐骑马。但是，这些马比特拉柯南马具有更多的东方血统。几年前，这家种马场拥有大约700头种母马和25头公种马，包括英国和阿拉伯纯血和纯血半血马、盎格鲁-阿拉伯马、诺曼底马、诺福克马、一些里皮扎马和克拉德鲁博马。

巴保尔纳种马场专门饲养阿拉伯纯种和半血纯种马（170头种母马和12头公种马）；季斯贝种马场专门饲养英国纯血和纯种半血马（195头种母马和12头公种马）。

佛戈拉斯种马场建于1874年，拥有里皮扎种母马和西班牙血统的公种马。

碧高维诺的德勒乌齐种马场建于1792年，拥有本地马以及从小俄罗斯、顿河平原、高加索和波斯引进的马；后来，补充了土耳其、里皮扎种畜以及一头柏布马公种马。但是，只是在引进阿拉伯公种马以后，种马场才有了当前的形象。现在，它拥有350头母马和20头公种马；1877年的348种母马分布如下：145头为阿拉伯半血种，118头为英国半血种（其中有28头诺福克马），6头为阿拉伯纯血，3头为英国纯血，48头为里皮扎马种，还有28头为盎格鲁-诺曼底马。

皮贝尔种马场曾于1878年被取消，现在恢复已经有五年了；它拥有来自德勒乌齐的公种马和母马。

位于克拉德鲁博和里皮扎的两个朝廷种马场建立时采用了古老的西班牙马种。

波西米亚的克拉德鲁博种马场始建于二百多年前，古老的西班牙马种直到现在还保存着其纯洁性。尽管为了防止亲缘太近造成的破坏性影响，人们选择种畜时不得不引进了外国血统的公种马，但是尽量选择了形体类似、种源相像的个体。例如，种马场于1843年接收的为教皇挽车的灰色公种马，以及于1865年转到克拉德鲁博的麦枣尔吉斯种马场的黑色公种马便是这样引进的。

正如我们前文说过的，克拉德鲁博种马场直到现在还保持着古老的西班牙马种的所有特征：体高为1.70米到1.85米；头长而呈钩状，颈部长，且呈骄傲的弧形；背长；臀部短而宽，且轻微下垂；胸窄，肩短，但上膊长；四肢强壮，肌肉发达，膝弯形，节骨软；尾巴和鬃毛长而茂密；毛色通常为灰色或黑色；步履壮观，但慢。人们不能将克拉德鲁博马与当前完全退化了的西班牙马进行比较（见图67）；它们更像复制版的图68，这里所展示的是墨西哥马，正如大家所知道的，它直接源于西班牙征服美洲大陆时留下的拉美西班牙马种。

在克拉德鲁博种马场大约有100头种母马；但仅有30或40头属于纯血克拉德鲁博马；在其他种母马中，有英国纯血和半血纯种马、诺福克马、盎格鲁-诺曼底马等等。不过，其他马种的马从不与克拉德鲁博马混在一起，它们被用作高大而健壮的挽车马，以供皇家日常所需，而克拉德鲁博马只是作为表演马（乘用马或鞍辔马）用于特殊场合。

图 61：拉臧斯基–斯左幕巴思丽子爵夫人种马场的匈牙利半血纯种马，5 岁，黑色。驾车马变种。曾参加维也纳赛马比赛。

里皮扎种马场位于卡尔索高原上特里埃斯特郊区，该种马场的马在古罗马时代就以力大和耐力非凡而著名。为了建种马场，（1580 年）人们从西班牙引进 3 头公种马和 24 头安达卢西亚种母马。后来增加了亲缘马种，特别是西班牙、那不勒斯和保利兹纳马种（保利兹纳马源于那不勒斯马，后者源于西班牙马）；再后来，人们使用了东方种畜。当前里皮扎马源于所有这些马同本地马种的杂交。它们干脆就属于东方种。它们的身高不超过 1.60 米，形体漂亮，四肢精悍强壮，步履迅捷，且有巨大耐力。最常见的毛色是灰色。它们被皇家用作邮政马，正是因为它们有巨大的耐力和速度。但是，它们身上也拥有成为优秀的乘用马的一切必要条件。

奥匈帝国拥有数量众多的私人种马场，它们之中有不少很有名气。大部分分布在匈牙利和奥地利的斯拉夫诸省，在波西米亚、摩拉维亚、加利西和碧高维诺。相反，在德国人居住的省份小规模饲养者占多数；专门饲养著名的平茨高马种的都是小土地所有者。

在大型私人种马场以及国家种马场里，主要饲养英国和阿拉伯纯血马与半血纯种马。从前，阿拉伯血统的马占优势，但是，现在，像在欧洲各处一样，英国血统的马扮演头号角色。生产英国纯血和纯血半血马的种马场每年都在增加；相反，阿拉伯纯血种马场变得更加稀少。不过，在奥匈帝国，阿拉伯马一直非常受尊重，而且在奥匈半血纯种马身上，阿拉伯血统很可能多于普鲁士血统。

图 61 为匈牙利私人种马场的半血纯种马画像。可以清晰地发现，在这匹马身上，阿拉伯血统的影响，较之图 57 和 58 所示的东普鲁士马要清晰得多；相反，在东普鲁士马身上，毫无疑问英国血统占优势。

对于帝国的两个部分而言，公种马管理局的数量限于 10 所，5 所在奥地利，5 所在匈牙利及克罗地亚–斯洛文尼亚。1891 年，在所有管理局里，共有 4786 头公种马，其中 1977 头在奥地利，2626 头在匈牙利，183 头在克罗地亚–斯洛文尼亚。

1891 年 4786 头公种马的血统分布如下：

<table>
<tr><th>公种马</th><th>奥地利</th><th>匈牙利</th><th>克罗地亚–斯洛文尼亚</th><th>总计</th></tr>
<tr><td>英国纯血马</td><td>73</td><td>252</td><td>9</td><td>334</td></tr>
<tr><td>英国纯血半血马</td><td>717</td><td>1001</td><td>40</td><td>1758</td></tr>
<tr><td>诺福克马</td><td>254</td><td>40</td><td>5</td><td>299</td></tr>
<tr><td>阿拉伯纯种马</td><td>19</td><td>27</td><td>18</td><td>64</td></tr>
<tr><td>阿拉伯纯种半血马</td><td>318</td><td rowspan="2">356
}609
253</td><td rowspan="2">25
}29
4</td><td rowspan="2">699
}956
257</td></tr>
<tr><td>基德兰家族阿拉伯纯血半血马[①]</td><td>—</td></tr>
<tr><td>盎格鲁–阿拉伯马</td><td>—</td><td>—</td><td>5</td><td>5</td></tr>
<tr><td>里皮扎马</td><td>83</td><td>210</td><td>44</td><td>337</td></tr>
<tr><td>克拉德鲁博马</td><td>13</td><td>—</td><td>—</td><td>13</td></tr>
<tr><td>诺尼欧家族诺曼底马[②]</td><td>84</td><td>413</td><td>13</td><td>510</td></tr>
<tr><td>重畜力马</td><td>416</td><td>74</td><td>20</td><td>510</td></tr>
<tr><td>总计</td><td>1977</td><td>2626</td><td>183</td><td>4786</td></tr>
</table>

每年，公种马被分配到各个站所。1891 年，奥地利分得 495 头，匈牙

① 基德兰是阿拉伯公种马之一，在麦枣尔吉斯种马场留有同名后裔。

② 诺尼欧为盎格鲁-诺曼底公种马，1810 年生于卡尔瓦多斯，是马尔毛丹与源于英国的阿里翁交配所生。1814 年，诺尼欧被奥地利人收留于罗希埃尔管理局，并转入麦枣尔吉斯种马场，为后世留下一个大家族。

利分得 861 头，克罗地亚–斯洛文尼亚分得 98 头。

每年，一定数量的公种马被安置在私人饲养者家里，或在配种期间租借给私人。

大部分公种马由国家种马场提供；余下不够的从私人种马场购进，还有部分从国外购进。

第三章　饲养马的现况

根据前表中公种马的血统分布情况，可以看出，奥匈帝国马种群的改良和转变，像在西欧各地一样，主要在朝半血纯种马的方向进行，而且是英国种畜的血统起主导作用：英国纯血、纯血半血马和诺福克马一起构成了全部管理局公种马的一半。但是，属于东方种血统的种畜数量还是相当大的，尤其是在匈牙利，明显改变了英国血统造成的影响；在这些种畜之中，不仅应该包括阿拉伯马、阿拉伯半血马和盎格鲁-阿拉伯马，还必须包括里皮扎马。因此，大部分奥匈半血纯种马还是富于东方血统的，外观上拥有东方种的全部标志，在匈牙利尤其如此，因为匈牙利大部分本地马和奥地利东半部的马（尤其是加利西和碧高维诺）本身都是源于东方的。

重畜力公种马只占极少数，仅占公种马总数的 1/10 多一点；有 74 头例外，它们都被用在奥地利，而在奥地利，特别是在西南部诸省，平茨高马是本地种。

在萨尔兹堡省和蒂罗尔只使用重畜力公种马。这些公种马大部分属于平茨高马；大约 1/3 属于贝尔伊（Belges）马，其余属于不同种源。

在匈牙利，1891 年时，只有 74 头重畜力公种马（都是平茨高马种）；它们后来被诺尼欧家族诺曼底公种马取代。

公种马的血统分布很不均衡，根本不是根据各省马种群的数量按比例分配。

在帝国属于奥地利的这部分地区，在波西米亚、摩拉维亚和下奥地利，马种群数量不超过 40 万头，使用了 859 头公种马，也就是说，每 1000 头马，配有 2 头公种马多一点；而在加利西，70 万头马只配有 358 头公种马，大约相当于 2000 头马配有 1 头公种马。

在匈牙利，条件最好的是位于西南部的各个地区，在包克斯–薄德罗戈、刀龙塔尔、派斯特–皮里斯艘尔特和萨摩吉尔地带，以及柯蓝–苦马年县镇，共有 132 个公种马站。相反，条件最差的是与加利西交界的北方诸省，例如土罗兹和立普妥地区只有一个公种马站。

总之，加利西和匈牙利东北部是整个奥匈帝国马种群改良和转变进展最差的区域，尽管在加利西有多个规模很大的私人种马场。

在匈牙利，进展明显的地区主要在南部和西南部，不仅因为那里有更多的公种马站，也因为邻近国家有大种马场和私人种马场。在这些条件影响下，几年以来，在那里，特别是在巴纳特和斯洛文尼亚，已经策划生产出个头更大、外观更高雅的一类马，以宇科尔（Yuckers）的名字著称。

在奥地利，则是波西米亚马匹生产最为兴旺，胜过帝国的其他任何地方。我们已经讲过波西米亚马在各个历史时代，由于同西班牙、那不勒斯、丹麦、麦克林堡等地马种杂交，经受了改良和转变。今天也一样，一切都有助于使它们变得更好：这里有克拉德鲁博种马场和许多一流的私人种马场；两个大型公种马管理局（在布拉格和克罗斯苔尔布鲁克）每年向全国提供 500 多头公种马（1891 年是 508 头），对于种群数量不超过 20 万头，而且本身已经很好的马匹种群而言，这个数字已经绰绰有余了。

像我们已经说过的，奥地利西南部诸省专门饲养重畜力马，尤其是平茨高马，这是人们饲养的部分是纯血马，部分是与国外同类型种畜杂交的马，今天最常见的是同比利时公种马杂交。由于种马场管理总局给予了特殊关注，现在，这种饲养方式正在大力发展。

第七部分

欧洲其他国家的马

欧洲其他国家是指意大利、西班牙和葡萄牙、比利时、荷兰、丹麦、瑞典和挪威、瑞士和巴尔干半岛诸国。所有这些国家的马匹种群总共不超过300万或350万，其中70万或75万属于西班牙[①]和葡萄牙；70万出头属于意大利；大约65万头属于瑞典和挪威。丹麦拥有37.5万头，比利时拥有27万多头，荷兰有27.5万多头，瑞士有10万出头。巴尔干半岛的马匹数量很难计算，甚至很难估计大概。不过，总计应该有数十万头。

但是，在这些国家，马的重要性与各自的马种群数量根本不是相对应的。

在这方面，比利时位列榜首，而后是瑞典和挪威，再次是丹麦和荷兰，虽然相比之前两个世纪这两个国家在马的重要性上已经大大丧失了地位。西班牙和意大利尽管相对拥有丰富的马匹，现在却在马的重要性等级中占据最底层的位置，可以说，它们只是因为光荣的过去才值得一提。在西班牙，还保存着某些残存的古老马种，尽管它们也退化了。意大利则已经失去了一切。

① 西班牙马匹种群数量很不肯定：一些人估计为65万到70万头，另一些人估计不到40万头。

第一章　瑞典和挪威的马

1890 年，斯堪的纳维亚半岛的马种群数量是 638,302 头，其中，487,429 头属于瑞典，150,873 头属于挪威。

两国的马在躯体高度、结实而矮壮的形体、耐力、稳健的步履和温顺的性格各方面彼此相像，也很像我们的芬兰马（见图 25 和插图 XIX）。它们像芬兰马一样生活在山地间，适宜于各种用途，但特别适宜用作鞍辔马。同样，

图 62：挪威马 (cheval norvegien)。照片。

如同在芬兰马之中，它们之中也有非常优秀的小跑快步马。它们的毛色也很接近芬兰马，通常为浅色：浅枣红色、栗色、银灰色或浅栗色，往往有骡子背线，很少有灰色。

兴许，在瑞典马、挪威马、芬兰马之间存在差异，甚至在这些国家中每个国家里，山地间的马也不同于平原的马，平原马通常不那么精悍，并且个头比山地马要大，但是，所有的马总体类型是一样的。

图 62 给出了挪威马的典范。它不仅像芬兰马（图 25 和插图 XIX），也像爱沙尼亚克莱坡马（图 24 和插图 XVIII），这证实了我们对这两个马种之间的亲缘关系做出的假设。

像在芬兰一样，在瑞典和挪威，饲养马完全掌握在农民和小土地所有者手中。

在瑞典，存在一些大种马场，其中有些饲养英国纯血和半血纯种马。

第二章　比利时马

比利时自罗马时代就拥有优秀的马匹。公元前57年，恺撒发现了并不漂亮，但非常健壮，且非常有耐力的马，这些马既适宜用作乘用马，也适宜用作挽车马。在公元头几个世纪里，蛮族人引进了西方种的笨重马；后来，在十字军东征时期，引进了东方种。虽然在比利时当前的马身上，西方种占优势，但是在它们身上，仍然能看出东方种留下的不可否认的痕迹，特别是它们头部相当高雅的形态。

比利时一直饲养着高大、粗壮和强健的马。现在，比利时以其重畜力马著称。

比利时政府在饲养本国马的事业中，从未采取过积极行动。今天，它的干预只限于监督用于公共配种的私人公种马，财政鼓励赛马比赛和奖励保存本国优秀公种马和种母马的马匹所有者。后一措施旨在避免优秀马匹出口过多。

在比利时，也不存在大型私人种马场，马种群完全掌握在小土地所有者手中。

所有比利时马都属于同一马种，人们可以称之为比利时马种。但是，其中又分多个品类：弗拉芒、布拉班索诺、阿尔登、海诺以及其他。占主要地位的是弗拉芒品类和阿尔登品类。前者适宜于低地地区，后者则相反，适宜于比利时高山地带。

弗拉芒马是重畜力马之一，个头最大，也最笨重。形体肥大，体高1.75米到1.82米，头部相当高雅，面额部经常是直的，但相比身体小得不成比例；

相反，颈部肥厚，宽而短；鬐甲低（低于臀部），背部也低，且通常凹背；臀部短宽，双尻且下垂，尾巴低垂。胸宽，肩直，多肉且经常多脂肪。后驱腿相当强壮，肌肉发达，结实有力；前身腿部肌肉不发达，膝窄，且太平，跖骨脆弱过于圆形。节骨直而短，蹄宽。性格软弱，步履慢，因而只适宜步行。它们的优点是生长快，自两岁起便能供人使用。

图 63：可可（CoCo），阿尔登公种马，由俄罗斯国家种马场购于比利时。

阿尔登马属于同一类型，但是个头更小，在 1.60 米到 1.65 米之间，而且身体结构更矮壮，更和谐。四肢更精悍、更结实，肌肉发达。马的性格更活跃，动作更快。它能轻松快跑，不仅适于提供畜力或从事农活，而且可以用作华丽车挽马。这是比利时最好的马，但是出口量很大，乃至在国内变得稀少了。图 63 所示为优秀的阿尔登马。

今天，比利时更经常饲养的是介于弗拉芒马和阿尔登马之间的品类。图 64 展示了这些品类之一的典范。在那慕尔和列日地区有许多这个品类的马。它们的体高为 1.65 米到 1.70 米。

比利时马有多样的毛色，以栗灰白相间的杂色居多。

1880 年，比利时拥有 271,974 头马。

比利时马种的马，尤其是阿尔登品类也生活在卢森堡，马种群数量大约为两万头。

图 64：纳姆尔周边比利时马。

第三章　荷兰马

在荷兰，像在比利时一样，既没有国家种马场，也没有大型私人种马场，马匹生产主要是农业人口的事情。正像在比利时和养马业保持在劳动阶层手中的几乎所有地方一样，在荷兰，人们只生产有用的马，也就是大而粗壮的马。但是，荷兰马的类型不同于比利时马，不过，与比利时交界的地区除外，因为那里的荷兰马与比利时马是混在一起的。

图 65：荷兰马。J. 戴尔通拍摄。

荷兰马的来源很不清楚。不过，可以肯定的是，在它们的血液里有许多古老的西班牙马种的血统，可能还有一定数量的丹麦马的血统。在19世纪，人们又给它们注入了英国马的血统。

现在，在荷兰华丽车挽马的形体上，还能看到古老的西班牙马种的痕迹。例如，图65所示的荷兰马，在许多地方像图68所示的墨西哥马，而墨西哥马正如大家所知，是古老的西班牙马种的直接后裔。

18世纪，荷兰以其快步马，尤其是最常见的毛皮黑色的跑马著名。它们曾是创建俄罗斯快步马和诺福克马的基础。但是，在荷兰，人们已不再专门饲养快步马。现在，在荷兰看到这样的马，也只是已经退化了的古老马种的残余。

图65为现代荷兰马的画像。

它的形体很典型，但是毛色很特别：在栗色的底色上，全是涂鸦的白点。

在荷兰北部，在弗里斯和格老南哥，以图65所示的华丽车挽马为典型。其体高为1.69米到1.75米。头部长而窄，轻微呈钩状；颈部长，高而呈弧形；背部长，经常稍有凹形；臀部短而圆，尾巴低垂。四肢相对长而纤弱，肌肉少；节骨软，蹄大而平。鬃毛、尾巴、顶毛和丛毛长而茂密（图65中马的丛毛被割掉了）。性格准确说是软弱，但是动作自由、宽大，速度通常很快。黑色毛皮占多数，但其他颜色也不少见。

在荷兰南部，有更多的重畜力马；在邻近比利时地区，它们同比利时马种混在一起。

1889年，荷兰马种群数量高达276,245头。

第四章　丹麦马

在17、18世纪，丹麦马闻名遐迩，被出口到欧洲各国。

丹麦本地的原始马个头不大，但健壮。在古老的西班牙种畜的影响下，再加上后来在饲养中给予正确的关照，它们的个子变大了。

丹麦从前存在的种马场中，最重要的种马场毫无疑问是弗雷德里科博格（在哥本哈根附近）。它建于1562年，拥有古老的西班牙马种的马，再加上那不勒斯、土耳其和莫里斯的马。从西班牙马种创造了两个品类：一个是黑色马，另一个是枣红马；从英国马种创造了一个品类：灰色马，以及后来，借助两匹白色公种马（一个来自乌尔滕贝格，另一个来自古尔兰德），创造了一个完全白色的次级品类（以它为基础，创造了汉诺威白色马）。弗雷德里科博格种马场在18世纪很著名，但是自19世纪初开始衰败，最后于1862年关闭。

丹麦全国马种群的衰败差不多经历了同样的过程。最大的打击是思来斯维格-豪尔斯坦归并普鲁士，因为这两个省份脱离丹麦后，不仅非常利于饲养牲畜的土地，还有大量最有用的马匹类型，也随之失去了。

今天，丹麦马的种群相当混乱；1888年，种群数量计有375,533头。

在如特兰，尤其是在北部地区，人们饲养很像思来斯维格马的畜力马。

图66展示了此种马的画像。

从身材大小和形体看，它们接近于俄罗斯的比图格马（比较图66和图23，以及插图XVI）。毛皮颜色多样。

在西岚德和丹麦其他岛屿上，马的个头更小，身体更矮壮，颈部短而厚

图 66: 丹麦公种马，枣红色。1891 年，由俄罗斯国家种马场购于丹麦。L. 西蒙诺夫博士拍摄。

实，头部宽而呈楔形（急速缩向脸部）。

在滨海地带，马都是小个头，最常见的为灰色，像冰岛的矮马，而且像它们一样，完全自由地生活在半野生状态下。

至于冰岛矮马（冰岛当时属于丹麦），它们的形体与设得兰矮马一样，但是，身材稍高大些，高 1.20 米到 1.24 米。

丹麦马的饲养也主要掌握在小土地所有者手中。

第五章　意大利马

在欧洲各国中，意大利和葡萄牙的马种群最为稀少，平均每100人两匹马多一点（1890年，意大利马种群数量估计约有72万头，而驴子数量不少于100万头，骡子数量达到30万头）。在欧洲任何国家，马匹与人口比例不低于3.75%（瑞士）；在大多数国家，比例远高于此。如果将意大利马的数量与其领土面积相比，比例也不太可观：每平方公里两匹马。

这种数量上的贫乏已经揭露出意大利养马业不发达的状况，但是如果观察当地饲养的马的品性，情况则更糟。

意大利在马匹生产方面，从未有过大放光彩的时期；但是，在16、17世纪，它曾有过优秀的马匹，其中名列榜首的是那不勒斯马，它们是从西班牙引进到意大利的马的直接后裔，只代表古老的西班牙马的一个品类。

当前，意大利的马种群非常混杂，退化得厉害，大多数都是小个头。

在宝来兹纳（位于亚得里亚海附近，在坡和亚地热城之间）和法拉尔郊区有几处种马场，它们还拥有那不勒斯马种的直接后裔转变成的挽车马。它们个头大，头部呈钩状，后躯比前身更宽、更强壮，步履慢，但壮观——全部是昔日那不勒斯马的明显标志。

在罗马近郊，有专门为罗马主教的华丽车饲养的黑色挽马，它们是同一种源、同一形体和同一品性的马。

除了这些马以外，意大利只存在一种有特色的本地马，就是饲养在撒丁岛上的矮马。它们是身高1.30米到1.40米的漂亮小马，最常见的是枣红色马；它们非常有耐力，身体结构强壮和谐；从形体和品性看，它们像科西嘉马，很可能同样是源自东方种的马。像科西嘉马一样，它们在岛上过着半野生的独立生活。这些马中有一大部分每年被引进到意大利大陆，它们在大陆备受欣赏。通常，它们被用作小车挽马，最常被用作双轮小车挽马。但它们也是很好的乘用马。在已故的维克多·埃马努埃勒喜欢的猎狐马中，就有撒丁岛的矮马。

现在像欧洲各处一样，意大利开始利用英国纯血半血马和纯血种畜改良马种群，为此设立了一些专门的种马场、公种马管理局……，但是这一切进展缓慢，要想取得进步还要很长时间，这主要是因为广大的意大利人更喜欢驴子。在意大利，驴子的数量可能少于西班牙，但是比马的数量总是多得多。

种马场总局隶属于农业部；1881 年，整个意大利的公种马管理局拥有 334 头公种马，其中 69 头为英国纯血，206 头为英国纯血半血马，46 头为阿拉伯纯血，还有 13 头为阿拉伯纯血半血马。

重畜力马完全没有，取而代之的是牛和骡子。对于轻型劳作，人们更喜欢使用驴子。

第六章　西班牙马

从前，西班牙以其名马著称，现在则是骡子和驴子在西班牙扮演主要角色。甚至，城里的大部分车辆通常都用骡子驾车。诚然，骡子是人们更喜欢的驾车牲畜，因为饲养的古老马种的名马专用作乘用马。今天，骡子的数量至少是马的两倍，而骡子和驴子加在一起数量是马的四倍。

在8世纪，当阿拉伯人征服西班牙时，他们从非洲引进了大量东方种的轻捷马，同样的马于几年后布满法国南方。这些马分布于西班牙南半部，而在北方，尤其是在西北方，一直是更笨重、个头更大的本地马种占优势。直到现在，我们在西班牙和法国西部的比利牛斯山上，还能看到本地马多少有些退化了的代表类型。

但是，16、17世纪曾为西班牙争得光荣的骏马既不属于阿拉伯马种（柏布马），也不属于北方的本地马种。它们很可能是两个马种杂交侥幸得到的结合物。这些马中等身材，准确地说身材大而不小；它们的头部呈钩形，颈部厚实，但骄傲地抬高呈弧形；胸及整个前身相当窄，但是后驱宽而强壮；背部长而软；臀部短而宽，轻度下垂。身躯高高地支在肌肉发达和健壮有力的四肢上；膝盖离地远，膝弯明显弯曲；节骨软。鬃毛和尾巴长而茂密。步履骄矜壮观，但缓慢。马高高地抬起前蹄，并将腿有力地弯曲在身下。这是乘用马在高级骑术中的理想姿态。人们不能将其与西班牙当前的任何马相比较；但是，图68所示的墨西哥马却与之很像，因为墨西哥马较之现存的西班牙马，是古老的西班牙马种更直接的后裔。在欧洲，位于奥地利的克拉德鲁博种马场上，马种几乎得以保存纯血。

现在，西班牙马退化得很厉害。在南方，一直是柏布马类型的轻捷马占优势，它们同法国南方的那瓦蓝马有许多共同点，人们称之为**热奈特**。再往北，人们发现，马的形态不那么高雅，但更结实、更健壮，以**勒卡尔耐萝** (el carnero，西班牙中绵羊的意思) 的名字著称。它们的体高在 1.52 米到 1.60

图 67：西班牙马（勒卡尔耐萝）。J. 戴尔通拍摄。

米之间；头笨重，钩形，像羊头（由此产生勒卡尔耐萝这个名字）；颈部厚实而短，但向高处抬起，饰有长长的鬃毛；胸宽，肩多肉；相反，后躯窄；背部往往是柔软的；臀部瘦削，轻微下垂，尾巴毛密。四肢相对长，肌肉不够发达。毛色多样，经常是浅栗色或浅咖啡色。性格热烈。

图 67 为勒卡尔耐萝的画像。

在西班牙，有几处种马场饲养更好的马，其中有的像著名的古老马种，还有的是经过英国马的血统改良过的马。但总体上，马匹生产状况凄惨。不过，据内行人说，西班牙具有一切必要的条件，可以借助英国和阿拉伯种畜，创造出非常优秀的马种。要达到这一目的，缺乏的是良好的意志！

政府拥有公种马管理局，但是拥有的公种马很少；至于居民，他们对马匹生产的发展毫不关心。

关于葡萄牙马，实在无可奉告，主要是因为这里的人对于马了解甚少。在葡萄牙，还是骡子和驴子占统治地位。

第七章　瑞士马

瑞士的马远没有那里的乳牛声誉高，不过，它们是不可忽视的；相对于这个领土几乎完全由高山占据的国家而言，马的种群数量甚至可以说很高：2,846,000 的人口拥有 100,000 多头马，相当于每 100 人拥有约 4 头马。对于平原国家来说，这个数字可能较少，但是对于瑞士，这个数字已经绰绰有余了。

马的饲养掌握农业人口手中，而且饲养方式相当聪明。人们只生产有用的马，也就是多少有些大而笨重的畜力马。

这些马大部分属于同一类西方种或诺里克类型的马，就是在邻近的巴伐利亚州和奥地利地区能见到的那类马（见平茨高马）。诚然，瑞士此种类型的纯血马差些，因为它已经同东方种存在混血，尤其是在法语区各州。

马的身高在 1.50 米到 1.70 米之间；头部方形，通常沉重多肉，但有时相反，轻捷而精悍；颈部短；鬐甲低；背与腰长，经常凹形；臀部双尻而下垂，尾巴低垂；胸部宽，但不够深；两肋箍筋，肚子有时庞大。肩直立；四肢健壮，虽然肌肉不够发达，关节经常缺乏力气；跖骨通常臃肿；节骨斜度小；四蹄大而平。步履不够宽，有时不规则，耐力不是很大。毛色多样，但枣红色和灰色占多数。

瑞士马有多个品类：在西部各州，最著名的有弗里堡马种或儒拉马种；在伯尔尼州上部地区和艾芒塔尔有埃尔伦巴赫马种；在斯威志、吕塞尔诺、乌里和圣加尔各州有斯威志马种。

直到近期，瑞士只饲养本地类型马。但是，现在人们经常借助外国种畜，如英国半血纯种马、盎格鲁-诺曼底马等。

第八章　巴尔干半岛马

关于巴尔干半岛的马，没有重要的事情可说。它们都属于东方种；从体高和形体的多样性来看，它们可以与俄罗斯的农用马相比较，两者很可能有同样的种源——俄罗斯草原马。

苏丹和土耳其高官的马厩里可能拥有高等马匹，但是，这些马来自阿拉伯半岛或叙利亚。

克里米亚战争之后，许多高加索的切尔克斯人和克里米亚的鞑靼人带着他们的马移民到欧亚土耳其，由此帮助巴尔干半岛马种群得到改良。

在希腊，大约有 10 万匹马和同等数量的骡子与驴子。马的类型退化成很小的矮马，在希腊某些岛，比如西罗斯岛上，其体高甚至低于设得兰矮马。

第八部分

美洲和澳大利亚马

在被欧洲人发现之前，新大陆的这两部分地区都没有马。

今天，人们在美洲发现骨骼化石残骸，这使人有理由假设，这里从前存在过类似于马的动物。但是，自那时以来，许许多多个世纪过去了，本地的土著居民没有任何关于过去的记忆，他们怀着恐惧和赞赏注视着西班牙人带来的马匹。

澳大利亚在被欧洲人殖民以前，袋鼠是那里唯一的大型四脚动物。

第一章　美洲马

正是在西班牙人征服美洲之时，首批马被带到这里，特别是佛罗里达、墨西哥以及拉普拉塔海湾沿岸。这些马中一部分逃逸到南美洲的潘珀斯草原和北美洲的沼泽地草原，并且在那里迅速繁殖，以至几十年后，已经形成了完整的野马种群。现在它们在南美以**西马隆**的名字著称，在北美以**慕斯荡**的名字著称。

图 68：墨西哥马，白色。J. 戴尔通拍摄。

慕斯荡马从佛罗里达和墨西哥扩散到西部，向加利福尼亚发展，向北部直到加拿大。西马罗纳马侵入南美的各个草原地带，尤其是乌拉圭、巴拉圭和阿根廷共和国的潘珀斯草原；在南方，它们一直下到巴塔哥尼亚高原的南部边界。

南美洲的马种群有几百万头；仅在阿根廷共和国和乌拉圭，马种群达到大约 600 万头。

在北美洲，美国拥有 1500 万头，加拿大拥有 250 万头马。

在南美洲和北美洲南部地区，特别是在墨西哥，马种源于西班牙。慕斯荡和西马隆野马种群占多数。像所有的野马一样，它们的形体粗糙而瘦削，体格小于原来的西班牙马。在城里的家畜马中，有更漂亮的马，身材更高大，它们的形体、它们的训练，甚至它们的交配都像古老的西班牙马，比当前存在的任何西班牙马都更像。图 68 所示的墨西哥马属于这类马。

向北，特别是向东北，离墨西哥越远，源于西班牙的马就变得越稀少。在远离西部的地域，在被文明社会抛弃了的野蛮的印第安人那里，慕斯荡马还占多数；但是，在美国东部和加拿大，马种群则源于另一个种源，外观完全不同。

在中间地带有混血马，它们源于慕斯荡马同加拿大或东部各州的马的杂交。大河流域的印第安矮马就属于这种混血马。

第二章　美国马

美国同俄罗斯一样，也是世界上马匹最丰富的地方。根据1891年的统计，美国马种群数量高达15,498,140头，也就是说，平均每100人拥有25头马以上。但是，美国饲养的马在品性方面还接近于俄罗斯马。美国的慕斯荡马在天然中成长，相当于俄罗斯的野生马，或半野生马。至于在常规饲养方面，美国有与俄罗斯相同的专门系统的做法，尤其是对快步马和一般说来动作迅捷的畜力马的生产。

我们已经讲过慕斯荡马的西班牙种源，尤其是向美国西南部扩展的情况。种马场常规饲养的马的繁殖中心是新英格兰，也就是说，位于美国东北部的各州（首批英国殖民者占领的地区被命名为**新英格兰**，它包括缅因州、新罕布什尔、佛蒙特、马萨诸塞州、罗得岛和康涅狄格各州）。但是，随着种群的增长，该中心越来越向西部转移，直到加利福尼亚。

首批马是在1608年和1635年间被引进到新英格兰的。英国殖民者引进英国马，经由詹姆斯敦引进到弗吉尼亚，并经由波士顿引进到马萨诸塞州；随着荷兰人的到来，荷兰马和一定数量的丹麦马被引进到新阿姆斯特丹[①]。英国马可能占多数，主要是因为随着新的英国殖民者的到达，引进英国马的行动一直在继续。

利用这全部条件，很可能还加上慕斯荡马的某些西班牙血统，美国人创建了他们需要的马种类型。在这些马当中，罗得岛上的**纳拉甘西特**

---

① 荷兰人于1613年建立纽约城，取名新阿姆斯特丹，1664年被英国人征服后改名为纽约。

（Narragansett）侧对步行走马在1680年已经以速度表现出众，其速度几乎等同于今天快步马的速度。实际上，据说纳拉甘西特不到2.5分钟能跑完1英里（1分33秒跑完1公里）。

英国殖民者带到美洲的马就是这种优秀的英国本地马种，在英国创造纯血马的时代之前，这些马就存在于英国。至于纯血马，只是在1750年后才开始引进；但是，直到独立战争结束，它们的进口量都很少，不能对美洲马的繁殖产生明显影响。相反，在美国最终脱离英国20或25年后（1783年后），进口的纯血战马非常多，而且对马匹生产影响极大，致使美国马几乎全部转变成半血纯种马。侧对步行走的纳拉甘西特马消失了，现在只能在西部地区，在加拿大以及西印度群岛（它们是从美洲被转运过去的）看到它们最后的后裔。不过，这些马的内在秉性非常固定，非常恒定不变，因此转移并遗传下来，到今天还表现在已经长期变成半血纯种马的后裔身上。正是这种遗传性的转移阐释了，为什么在美国快步马中还常有侧对步行走的马出现。

美国人在创造了他们的快步马后，对英国纯血马的热情大减，英国纯血马的进口量每年逐步减少，至今进口的数量只是限于赛马比赛的需要，美国人现在生产他们自己的英国纯血马。

总而言之，美国当前的马种群包括：野生或半野生的慕斯荡马，它们生活在草地和草原，代表源于西班牙的独立马种；以及众多的半血纯种马，它们不属于任何确定的马种。另外，人们饲养一定数量的英国纯血马。

但是，在美国的马匹生产中，使其具有独特标志的是他们的快步马。然而，“快步马”一词含义过于狭隘，不足以表达完整的真相，因为美国人的专长不仅在于生产快速跑马，而且在于生产速度更快的侧对步行走的马。

可以说，在这种宽泛的意义上，上述专长涉及有关美国常规马匹饲养的一切问题。饲养能够跑得快的马，这一原则不仅应用于所有轻型畜力马的饲养，而且应用于他们的重型畜力马。他们的重型畜力马也是快步马，但是更笨重，因此速度要慢一些；它们几乎都是优秀的华丽车挽马。

美国人不是很喜欢骑马旅行或骑马散步；他们更喜欢驾车，不饲养专门的乘用马。但是他们的大部分马有“两个目标”，也就是说，既可以用作挽车马，也可以用作乘用马。经验表明甚至在他们的重畜力马之中，也可以找到补充骑兵团的军马（在加拿大起义时期，英国卫队龙骑兵一团骑的就是佛蒙特马——见前文提到的重畜力马），而骑士们感觉他们的坐骑非常好。

与英国人相反，美国人不是倾向于创造用于专门用途的马，而是倾向于创造适于各种用途的万能马。

在欧洲，关于美国快步马，人们谈论和论述得很多，人们赞赏它们非凡的速度；但是人们根本不谈起、而对于我们来说却是更为令人瞩目的，是美国马匹生产中的侧对步行走的马。到处都存在侧对步行走马，在俄罗斯甚至有很多，但是除美国以外，没有任何地方专门生产这种马。

在相当长的时间里，美国人忽视他们的侧对步行走马，甚至尽力消灭它们，企图把它们转变成快步马，拒绝让它们参加赛马比赛，而这一切就是因为它们的“不规则步履”！但是，无济于事。不规则的步履战胜了一切，这无可争辩地证明了，不规则步履以令人伤心的韧性通过遗传转移，是足够自然的现象。通过一种返祖回归，侧对步行走马在最受尊重的快步马家族中重现；侧对步行走马的生父和生母都曾是正常的快步马，只是因为它们的血液中遗留了它们的远祖——纳拉甘西特侧对步行走马的几滴血统。

人们最后接受了侧对步行走马，而且这样一来，人们已经开始因为它们而骄傲了，因为一般说来，侧对步行走马比快步马更快，而且在速度上很有开发潜力，很可能是快步马永远达不到的。

我们在下文中将会明白：美国快步马的速度，至少部分归因于它们与侧对步行走马的亲缘关系。

侧对步行走马

当前侧对步行走马的侧对步是它们的原始祖先纳拉甘西特侧对步行走马留给它们的遗产，如同我们说过的，纳拉甘西特诞生于古老的英国马种同荷兰马的杂交，可能也有同丹麦马的杂交，但是英国马构成主要基础，英国马之中可能有许多侧对步行走马（令人吃惊的是，现在，人们在大不列颠几乎看不到侧对步行走马，所有的侧对步行走马都消失了）。后来，纳拉甘西特类型马由于同英国纯血和半血纯种马杂交而遭到破坏；所有的马都变成了不

图 69：迪莱克特（Direct），著名的美国侧对步行走马，黑色。克拉克 Horse Recieur 照相制版。

同程度的半血纯种马。一些马转变成快步马，但是也有许多马尽管经过了努力，仍然是侧对步行走马。

今天，在美国也有侧对步行走马比赛，在比赛中证明其速度的马，与快步马一样，作为**标准马**登记入册。但是，因为侧对步行走马平均速度比快步马更快，人们通过按比例提高侧对步行走马速度标准的做法，尽力使其机会均等。例如，快步马要变成标准马，最低应当 2 分 30 秒跑完 1 英里，而侧对步行走马的最低标准是 2 分 25 秒。饲养者甚至不觉得这种差异对快步马有利，因此要求提高侧对步行走马的标准，一直到 2 分 20 秒。

赛马的年度登记册证明，侧对步行走马总体说来比快步马更快。

1891 年，最快的两匹马是侧对步行走马迪莱克特（见图 69）和约翰斯顿。前者 2 分 6 秒跑完 1 英里，后者用了 2 分 6 秒半；而同年最快的快步马苏诺尔跑完同样距离，用了 2 分 8 秒半。

1892 年，最快的两匹马是侧对步行走马马斯科特和快步马南希汉克斯；这两匹马都是 2 分 4 秒跑完 1 英里。但是，在同一年，有 8 匹侧对步行走马用不到 2 分 7 秒半的时间跑完了 1 英里，在快步马中，只有南希汉克斯获得了同样的成绩。侧对步行走马和快步马相对其他在速度上成绩不菲的马而言，在数字比例上差不多是一致的。

在美国，许多马具有快步跑和侧对步行走两种步履，行进速度相当，通常，侧对步跑得更快。例如，杰尔西快步跑用了 2 分 10 秒，侧对步跑则用了 2 分 6 秒半。

从外观看，侧对步跑马与快步马没有任何差别；像快步马一样，侧对步跑马大部分是纯血半血马。

图 69 所示为我们时代最著名的跑马迪莱克特侧对步跑马的画像。

从前，当人们忽视侧对步跑马时，人们不大关心对它们的培养和训练。当时，人们经常看到步履不美的侧对步跑马。但是，今天，侧对步跑马通常都受到很好的训练，在各个方面都不再输给快步马，即便由此观点看亦然。

侧对步跑马在美国相当普遍，但是尤为常见的是在田纳西、肯塔基、伊利诺伊、印第安纳、俄亥俄和密苏里各州。除了为数众多的小型饲养者外，现在有一些大型种马场专门饲养侧对步跑马，例如位于田纳西的康贝尔·布劳恩种马场。在快步马种马场，每年出生相当多的侧对步跑马，都是诞生于快步马家族，根据前文讲过的返祖规律，我们在关于快步马的话题中还要谈到这个问题。几乎在每个美国快步马家族中，都能不时地发现这些侧对步跑马，美国人以“快步马生出的侧对步跑马”（trottint-bred pacers）的名字称呼它们。有一些往往因为能追溯到汉布尔顿年10号的家族谱系而著名。

快步马

不到25或30年前，欧洲的注意力落到了美国快步马身上；但是在美国，对快步马，普遍而言就是对跑得快的马的偏好，始于纳拉甘西特时代。在引进麦桑热（Messenger）和创造一些快步马家族后，这种偏爱变成了一种狂热。

美国快步马的种源远不像俄罗斯快步马那样为人所知，后者是借由一些著名的马种创造出来的快步马的后裔。

谈及美国快步马时，人们通常认为于1788年引进到费城的英国公种马麦桑热是它们的父辈，并且直截了当地下结论，称美国快步马来自英国纯血马，而且正是因此，它们才具有如此非凡的速度……因此，为了增加欧洲快步马的速度，必须给它们注入尽可能多的英国纯血马的血统！在如此推理之下，法国饲养者几乎把他们的快步马都转变成了纯血马。在俄罗斯，人们直到现在还没有这样大胆，但是，在这方面已经做得够多的了，以致削弱了快步马的坚固性，并且使一些快步马形体变瘦，不过并未明显地增加它们的速度。在美国，也有一些饲养者相信英国纯血马的万能，例如加利福尼亚的帕罗·阿尔多种马场场主。但是，在美国，普遍的观点认为，注入英国纯血马血统对于快步马而言害大于利。事实上，英国纯血马在创造美国快步马过程中没有起到任何作用。

快步马和跑得非常快的侧对步跑马不仅在麦桑热之前，而且在任何纯血马到达美国之前，就存在于新英格兰。

现在毫无疑问，美国原始快步马是与纳拉甘西特侧对步跑马同样的元素形成的，也就是说，是古老的本地英国马（在纯血马到来之前）同荷兰马，也许还有丹麦马杂交的结果。甚至更有可能的是，大部分，或至少有许多快步马直接源于纳拉甘西特侧对步跑马，它们的步履通过培养和训练转变成快步跑。

总而言之，美国快步马和侧对步跑马的原始种源是相同的。这是解释快步马经常重新侧对步跑，以及快步马和侧对步跑马可通过培养和训练轻而易举相互转变的唯一理由。这种转变中著名的侧对步跑马迪莱克特如于图 69 所示，它由侧对步马迪莱克托尔所生；但它最初是快步马，6 岁时才转变为侧对步跑马。相反的转变更为经常（人们至今对快步马的偏爱使然）。有许多马既是优秀的快步马，也是杰出的侧对步跑马（见前文中的杰依西）。

1783 年后，大量的英国纯血马和半血纯种马到来，如同我们说过的，其结果是大部分马转变成半血纯种马，而纳拉甘西特马类型几乎全部消失。

然而，这些马中的任何马都没有对快步马的生产产生明显影响，于 1788 年引进到费城的麦桑热除外。美国当前的快步马，必须从麦桑热马同昔日的纳拉甘西特马残余血统的组合中寻找种源。

但是，麦桑热马恰恰不是英国纯血马。它是曼布里诺之子，由阿拉伯公种马和本地古老英国种母马（在纯血马创生之前就存在的母马）所诞。麦桑热马的母系种源仍是个未知数。从外观看，曼布里诺马和麦桑热马都不太像英国纯血马。更准确地说，曼布里诺马的画像让人想到健壮的俄罗斯快步马，比如插图XXI、XXII和XXVI所示的马之一。至于麦桑热马，是一种灰色马，体高1.57米，体格健壮，颈部短，头大，轻微呈钩形，饰有长长的耳朵。它的外表不美，但显得浑身是劲。

麦桑热马作为种畜在20年时间里发挥了作用，留下了好多子嗣，最为著名的是主教的汉布尔顿年马和曼布里诺马。美国有名气的快步马家族都源于麦桑热马的这两个儿子。

"汉布尔顿年10号"家族被认为是所有家族中最著名的。汉布尔顿年10号是枣红色公种马，体高1.57米，体格健壮。它于1849年由阿布大拉赫（曼布里诺的儿子，麦桑热的孙子）和贝尔丰德的女儿（贝尔丰德是从英国引进的，不是纯血马，而是一匹公路马，或者是诺福克马）所生，并且因其母亲的关系，它的血液里混合了本地马与汉布尔顿年马的血统。汉布尔顿年10号自两岁开始，被置于种马场，它一生中共与1800头种母马交配，生产了1300头马驹。它是美国快步马最重要的家长，不仅因为其数量，也因为其后代的高级品性。现在，人们发现，几乎在所有的快步马和所有有些名气的快步马家族中都有汉布尔顿年马的血统。

"曼布里诺头头儿"家族占据汉布尔顿年10号之后的第二位。"曼布里诺头头儿"于1844年由一匹不知名的母马（很可能是本地马）与曼布里诺·佩以玛斯特交配所生，后者是曼布里诺之子、麦桑热之孙。"曼布里诺头头儿"留下的后代，大大少于"汉布尔顿年10号"留下的后代，但是品性都很好。人们特别欣赏"曼布里诺头头儿"之子曼布里诺·帕特诊的后裔。

还应该加上远不如前两个家族重要的克莱家族。它由安德烈·杰克逊创立，于1828年由本地侧对步母马和扬·巴硕交配所生，后者是格朗德·巴硕之子，由从英国引进的阿拉伯公种马和麦桑热的孙女所生。1837年，亨利·克莱由安德烈·杰克逊和不知名的母马交配所生，亨利·克莱生产了其他许多克莱马，其中哈利·克莱、卡秀·克莱和肯突击·克莱等都变成了相当著名的分支家族的家长。

本地公种马贾斯汀·摩根的家族诞生于1793年，从前相当有名，现在只生产优秀的挽车马，但它们的速度不够快，无缘赛马比赛。

上述三个家族形成了许多支或分支，其中最重要的是：

维尔克家族是乔治·维尔克的后裔，它是“汉布尔顿年10号”之子同克莱家族的达利·斯彭克所生。

拜尔蒙家族是拜尔蒙的后裔，拜尔蒙是亚历山大·阿卜达拉赫之子，后者是“汉布尔顿年10号”和“曼布里诺头头儿”家族的贝尔母马交配的产物。拜尔蒙之子努特伍德已经成功地建立起了努特伍德分支。

“选举者”（Electionee）家族是“选举者”的后裔，后者是“汉布尔顿年10号”之子与克莱家族的母马木坦·麦德结合所生。“选举者”生于1868年，在其生命的最后12年（它死于1890年）是加利福尼亚巴洛阿尔托的斯坦福参议员种马场上的主要种畜，它主要同纯血马和纯血半血马英国母马交配。因此，它的后裔有非常丰富的纯血马血统。其中有三匹马表现出众：巴洛阿尔托、徐诺尔和阿里翁。前两名的最大速度是跑一英里用时2分8秒4，而最后一匹马的速度是一英里用时2分10秒34。“选举者”的这些直系后裔血液里还有足够多汉布尔顿年的血统。更往后的后代将是什么样呢？这是未来的秘密。

在它们之后，最著名的分支家族是“志愿者”（Volunteer）家族、迪莱克托尔（迪莱克特之父，如图69所示）家族、亚历山大·阿布德拉赫家族、Happy Medium家族——它们是“汉布尔顿10号”的四个儿子，此外还有曼布里诺·巴晨（“曼布里诺头头儿”之子）家族，以及其他家族。

我们看到，几乎在所有的分支家族里，“汉布尔顿年10号”的血统都占主导地位，它们通常是混血，最经常的是母系方面同另外两个家族——“曼布里诺头头儿”家族和克莱家族中的一个，有时是同这两个家族的血缘混合。

不过，美国人不大看重种族和种源的纯洁性，很乐意在它们的家族里引进没有任何谱系的快步马，只要这些马跑得快，而且体质上也过得去。

在三个主要的快步马家族中，我们看到来源不明的种母马出现在其间。在分支家族中，必要时，也有类似情况发生。

不久前，加拿大的侧对步跑马皮罗同种源不明的母马交配，产生了皮罗家族。皮罗家族以速度快而著名，人们很乐意地让其成员同“汉布尔顿年10号”、“曼布里诺头头儿”的后裔交配。而效果非常好。上文提到的杰依西的母亲就是皮罗的女儿；在努特伍德（拜尔蒙之子）的家族，也存在一定量的皮罗血统。

以下简要概括美国饲养者遵循的一般规律：

在跑得最快、体格最健康的马之间交配，不太关注它们的种源[①]。交配时，以不亚于选择公种马的关注程度，甚至更高的关注度来选择种母马，因为，他们基于经验的观点是：母马对后代的影响多于公种马的影响。许多美国马学专家认为，更合理的做法是根据母马家族的名声，而不是根据公种马家族的名声来选择。从马诞生之日开始培养，绝不让它在无所事事中成长；训练不能仅满足于必要的练习，每天应根据它的体力给它指定一定量的实际工作。精心喂马，且要喂足，但切勿喂肥。对其温柔对待，尽可能不使用鞭子。多数大小饲养者的目标是生产快步马（或侧对步跑马），但是优秀的快步马不仅能参加赛马比赛，而且能够进行，甚至主要是进行有益的劳作。能够参加比赛的马是事后选择的。所以，人们发现比赛中表现出众的大部分快步马不

---

① 然而，这不是说美国人毫不关注他们种畜的家族谱系。他们很看重著名的快步马家族，而且主要从这些家族的后裔中选择种畜；他们更乐意接受来源低等或不知名，但是速度快、体格好的种畜，而不是出身于著名家族但跑得不快的种畜；而且，如果必要，他们会直截了当地让通过考验的普通马同家族名气最高的马的后裔交配。

是专门饲养的结果（兴许，为准备参赛所做的必要的训练除外），而是普通的畜力马。况且，最常见的是，它们在完成足够的劳作后，才开始参加跑马比赛，很少有在六岁以前的，往往会更晚一些。不过，一个时期以来，在美国已经有一些种马场的主要目的就是饲养参赛的快步马。

在我们讲过这一切之后，事实很明显：美国的快步马和侧对步跑马不可能具有俄罗斯快步马那样明显的形体一致性。它们都是或几乎都是半血纯种马。有一些外观像俄罗斯快步马，另一些像法国的盎格鲁-诺曼底马，还有一些像英国的半血纯种马，甚至纯血马，也有的像普通畜力马。

美国快步马和侧对步跑马体高变化较大，从 1.54 米一直到 1.64 米。毛色多种，但最常见的是不同色调的枣红色。

美国快步马的快步不同于俄罗斯快步马。美国快步马只是轻抬膝盖，也不高举前蹄；相反，它们离地面很近地往前跑，就像是在滑行。认为美国快步马差不多直接源于英国纯血马的人正是把这种快步跑形式归于纯血马的遗

图 70：芙洛拉 · 坦布乐（Flora Temple），快步种母马，枣红色。

传影响，众所周知，纯血马就是这样贴着地面跑步。但是，在了解美国快跑马真正的根源的人看来，它们的跑步形式更有可能是源于昔日的侧对步马，甚至可能是侧对步转换为快跑的培养过程中直接转化过来的结果。

当前美国快步马的速度毫无疑问比俄罗斯快步马更快。俄罗斯快步马的平均速度估计为每公里 1 分 36 秒，而在美国，1 英里达不到 2 分 30 秒或 1 公里 1 分 33 秒的快步马甚至不能被登记为标准马。直到现在，我们还没有发现达到南希汉克斯马速度（1 英里 2 分 4 秒或 1 公里 1 分 17 秒）的快步马，甚至没有达到徐诺尔马速度（1 英里 2 分 8 秒 4 或 1 公里 1 分 19 秒）的快步马。

诚然，甚至在美国，达到这个水平的快步马还是非常罕见的。但是，大为可能的是甚至南希汉克斯马的速度不久后也将被超过，最终会以 1 英里用时 2 分钟（1 公里用时 1 分 14 秒）打破纪录。更为重要的是，在美国，平均速度逐步提高，而在俄罗斯则处于停滞状态，尽管俄罗斯试图通过注入英国纯血尽力提高速度—— 这证明了一件事情，就是这个办法不好。

很可能，曾为美国快步马奠定基础的古老纳拉甘西特马种在其速度的增长中起到了某种作用，因为这个马种本身速度就非常快；但是，对我们而言，美国人的秘密特别在于对马的饲养、练习和实际劳作训练，也在于驭马人的卓越品质，在于他们对减轻跑马的负担所给予的细致入微的关注，这些关注表现在赛马场土地的整治和跑道的规划上，表现在苏尔吉 ① 的建构上，表现在鞍辔的形式和重量，以及其他千百件初看起来毫无意义，但是，当胜败决定于半秒钟，甚或 1/4 秒时，便会产生重大价值的细节。

图 70 所示为芙洛拉·坦布乐，这匹快步马母马在它那个时代曾是大名星，因为它成功地跑出了 1 英里用时 2 分 19 秒（1 公里 1 分 27 秒）的速度，但是，现在只能被列为平均速度的美国快步马。

---

① 专用于跑马场的特别轻便的两轮马车。图 70 再现了如今已不再使用的旧式赛车的形态。

快步跑赛马是美国人心爱的运动。美国有1500到2000个赛马场。

1871年，建立了纯血马记录册，专门用来登记快步马。它由华莱士先生（在纽约）撰写，书名为《华莱士美国快步马记录册》。

自1882年以来，快步马登记入册，要依据快步马种畜全国协会专门制定的条款进行。1英里2分30秒的成绩作为规定的基础。详情请阅“拉莫特-鲁治种马场总监先生报告”[①]。

美国重畜力马

美国不生产法国布劳耐马或比利时弗拉芒马一类的重型马。它们之中许多马尽管体格高大（1.63米到1.78米），而且足够肥实和强壮，但一般说来，较之大部分欧洲同类马，它们在形体结构上轻捷得多，在步履上快速得多，并且性格上更活跃；它们都善于快步跑，而且，需要时，不仅可以用作华丽马车的挽马，甚至可以用作乘用马。一言以蔽之，它们无异于美国的大多数马，饲养这些马也是为了用于各种用途。

它们与新英格兰所有其他马具有同一种源，也都属于半血纯血马，也就是说，在它们的血液里，有一定量的英国纯血马的血统。它们体格高大，身躯肥实，这主要是选择种畜和同从英国引进的重畜力马杂交的结果。但是，它们在美国式的饲养和培育下都获得了自己的明显特征。美国的饲养和培育方式总是关注繁殖快步马，或至少是跑得快的马。因此，美国重畜力马只是由于躯体更重而有别于快步马。两类马的形体在各个层面都存在的过度是完全可以混为一谈的。就这点而言，它们像俄罗斯比图格马，后者也可以被看

① 见《农业部公报》，1890年，第4期。

作一种重型快步马。

最著名的是佛蒙特马和康尼斯多加马。

佛蒙特马，如同其名字指明的，主要在佛蒙特州饲养。这些马都身体健壮，四肢结实有力，但相对较短，体高可达1.70米；非常有耐力，而且相当迅捷。最常见的毛色为深枣红色，很少有栗色。从前，人们把它们作为邮政马使用。而今天，它们主要被用作运送载货车，在纽约能看到许多这样的马。但它们也是优秀的华丽车挽马，并且必要时，甚至可以用作骑兵马。

康尼斯多加马饲养在宾夕法尼亚州，它们个头大于佛蒙特马，身高1.75米到1.78米。它们也通常是枣红色，或枣红-棕色，经常带有斑点，灰色斑点更为少见。

在19世纪下半叶，美国每年从欧洲，主要是从英国、比利时和法国引进大量的重畜力马。最初克莱戴斯戴尔马成为时尚，但是现在美国人似乎更喜欢佩尔什马，每年进口量达到1000头或更多。在美国，甚至有几家种马场饲养纯血佩尔什马，比如，位于奥克兰（伊利诺伊州）的C. W.邓纳姆种马场拥有500头佩尔什马。人们建立了专为佩尔什纯血马而制定的记录册。

但是，总体说来，从欧洲引进重畜力马是为了与本地马杂交，因此主要引进公种马。

可以说，在我们时代，美国正在发起一个明显的运动，向生产更重型的畜力马这个方向发展。

除了佛蒙特和宾夕法尼亚之外，在其他州，比如伊利诺伊州、科罗拉多州等，现在也生产重畜力马。

在科罗拉多州，有些畜力马种马场在半野生状态下饲养马。这些种马场中，最大的是C.W.顿汗种马场（奥克兰的佩尔什马种马场也属于这个种马场）；它拥有4200头马，其中大约有3000头母马。这个种马场的本地马体高1.54米到1.58米，而同佩尔什马杂交的产物体高一般达到1.60米到1.62米。

美国的英国纯血马

在美国，平地赛马和障碍赛马按英国方式进行。但是，因为喜好赛马比赛的人数相对有限，饲养的英国纯血马更为有限。然而，美国人在马匹生产这方面的表现，没有落后于别人。

首批纯血马被引进到马里兰州和弗吉尼亚州：首先是斯帕尔科（1750年），然后是赛丽玛、奥赛罗（1755年）以及其他纯血马。如同我们已经说过的，在宣布独立后的20或25年时间里，引进到美国的纯血马数量非常巨大；但是，自那个时间以来，进口量逐渐减少，而现在每年不超过几匹。

美国饲养的纯血马在外观上同它们英国的同类没有什么差别，但是人们断言，在美国更为民主的饲养制度和更为干燥的气候影响下，它们会变得更健壮和更有耐力。

1886年，美国的纯血马，包括公种马、母马、训练用马和小马驹，数量高达约15,000头。

纯血马的主要饲养场地在田纳西州和肯塔基州。

第三章　加拿大马

加拿大的马种群由法国殖民者引进的诺曼底马和英国及美国的古老马种混合构成。大部分是半血纯种马。在加拿大还有许多马在外观和侧对步跑的方式上像古老的纳拉甘西特马。加拿大侧对步跑马在美国很著名。它们可能与纳拉甘西特侧对步马出自同样的种源，甚至很可能是从罗得岛引进到加拿大的纳拉甘西特马的直系后裔。

事实上，加拿大马与美国马属于同一类型，但因为生活在更为原始的条件下，更像是乡下马。

它们的体高很少超过 1.60 米，通常更矮小。一般说来，它们体质健壮，四肢如铁，很少生病；非常有耐力，神气十足，速度不是很快，但永不疲劳，步履稳健。然而，加拿大侧对步马跑得非常之快。

加拿大马的尾巴和鬃毛茂密，且呈波浪状，这被看作它们的特征。

加拿大饲养的马主要是挽车马，但是像美国马一样，它们适应于各种用途。英国军官断言，他们的骑兵完全可以在加拿大补足军马。

第四章 澳大利亚马

首批澳大利亚马是从开普和瓦尔帕莱索（智利）引进的；但是，在英国人征服澳大利亚后，英国每年向澳大利亚派送马匹。

澳大利亚的气候和土壤非常适合饲养牲畜，因此引进的马匹迅速繁殖，形成了半野生种群，像美洲潘珀斯草原和无树草原上的马一样。

但是，因为这些半野生的马，或称布什马，来自于另一个种源，主要是英国马，它们的类型大不同于慕斯蕩马和美国的西马隆马，如我们所知，它们是源于西班牙的马。毫无疑问，布什马更好。它们平均体高 1.60 米，体格健壮；四肢结实有力，鬃毛长，性格热烈，但不大顺从。

除布什马以外，现在澳大利亚有许多在种马场按常规饲养的马，它们都源于英国。

英国式的赛马比赛和纯血马饲养盛行于昆士兰州、新南威尔士州、维多利亚州、南澳大利亚、塔斯马尼亚岛以及新西兰。在美国，人们赞赏澳大利亚纯血马。

二十年前，澳大利亚引进多匹一流的阿拉伯种畜。我们现在还不知道获得了什么结果；但是，新大陆的这部分土地非常有利于饲养阿拉伯马。

根据 1891 年的统计，澳大利亚以及从属于澳大利亚的各岛屿上的马种群数量高达 1,786,644 头，其中 1,543,333 头在澳大利亚，211,040 头在新西兰，31,312 头在塔斯马尼亚岛，959 头在斐济岛。

译后记

每次翻译，对己都有所学，有所拓展，也有温故知新；对于他人，通过文字的互译，实现文化的迁移互通，发挥桥梁作用。此为翻译的魅力及应有的功效。《世界良马》原著名《世界马种》（*Les Races chevalines*），改为现名对普通读者抑或马学行家都通俗易懂，一目了然。马是人类文明产生和发展的见证者和参与者，骑士固然爱马，文人武士、百姓民众爱马者也可谓众多。《世界名马谱》一卷在手，便可徜徉于马的世界里，既可从宏观上浏览世界名马的种类、分布和特征，也可从微观上了解各种名马的相貌、体征、特点、毛色、习性，乃至性格、常用功能等具象知识。《世界名马谱》出版于19世纪末。合著作者是俄罗斯种马总局董事长和通讯员，他们既是马学的专家，又是爱马、养马和管理马的高官，他们的著作中不仅包括对旧大陆（欧洲）和新大陆（美洲）的马种研究，还包括“俄罗斯马种专论”，提供了当时大多数欧洲人不了解的俄罗斯种马信息，以及俄罗斯帝国马种无论在数量上还是品种多样性上都绝对独占世界鳌头的天然资源，号称“从未公布于众的最完整的著作”。足见，本书提供给读者的是可靠的信息，知识性、专业性和权威性毋庸置疑。对于懂马的有识之士，他们也可以学会更好地爱马、养马和用马。

关于各种马的译名，举凡纳入辞书和大百科全书的，按约定俗成原则，均尊重保留。凡是不见经传的马的名字，以及涉及的相关小县镇的地名，仅能按尽可能合适的音译。为便于有志者查寻，首次出现的音译名字后面配以原文，置于括号内。特此说明。

对于译文的疏漏或不当之处，欢迎批评指正。

张　放

图书在版编目(CIP)数据

世界良马/(俄罗斯)雷奥尼德·德·西蒙诺夫,(俄罗斯)让·德·莫尔戴著;张放译.—北京:商务印书馆,2017
(博物之旅)
ISBN 978-7-100-14362-2

Ⅰ.①世… Ⅱ.①雷…②让…③张… Ⅲ.①马—品种—介绍—世界 Ⅳ.①S821.8

中国版本图书馆CIP数据核字(2017)第146926号

世界良马

〔俄罗斯〕雷奥尼德·德·西蒙诺夫 让·德·莫尔戴 著

张放 译

商务印书馆出版
(北京王府井大街36号 邮政编码100710)
商务印书馆发行
北京新华印刷有限公司印刷
ISBN 978-7-100-14362-2

2017年10月第1版 开本787×1092 1/16
2017年10月北京第1次印刷 印张18¼

定价:88.00元